U0386762

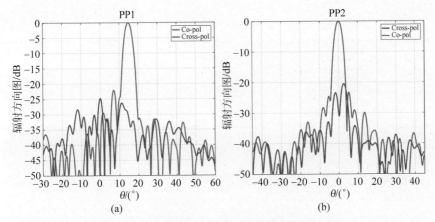

图 3.10　线极化激励下反射阵天线辐射方向图

（a）PP1 平面；（b）PP2 平面

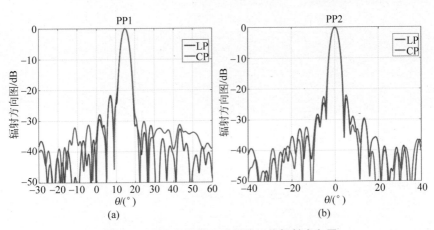

图 3.11　圆极化激励下反射阵天线辐射方向图

（a）PP1 平面；（b）PP2 平面

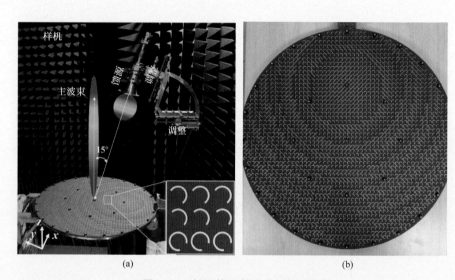

样机

主波束

馈源

调整

15°

调整

y   x

(a)   (b)

图 3.12   加工的反射阵列天线样机

(a) 样机实物图；(b) 样机中的电磁表面阵列

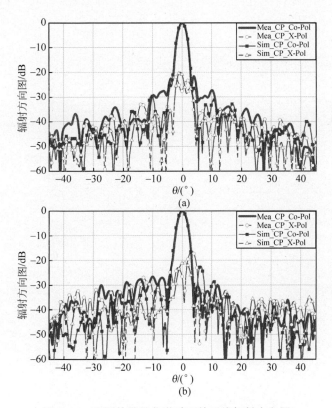

图 3.14 实测的圆极化激励下的天线辐射方向图

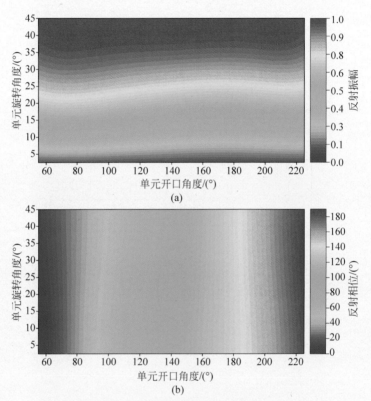

图 3.22 垂直入射下,单元的反射振幅和反射相位结果

(a) 反射振幅;(b) 反射相位

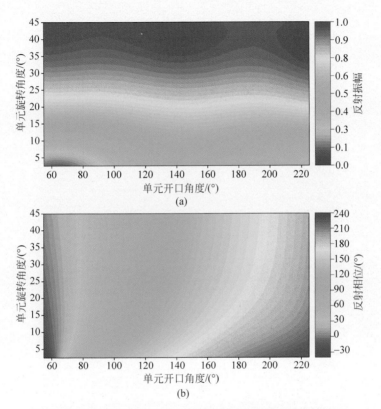

图 3.23 斜入射 30°的条件下,单元的反射振幅和反射相位结果

(a) 反射振幅;(b) 反射相位

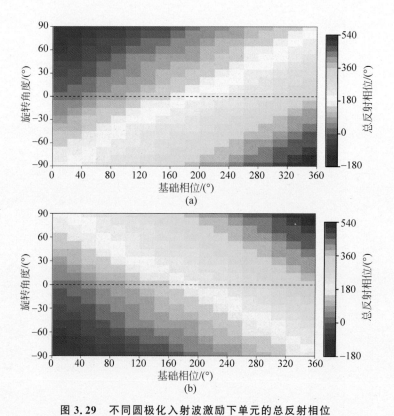

图 3.29 不同圆极化入射波激励下单元的总反射相位

(a) LHCP 激励时单元的总反射相位；(b) RHCP 激励时单元的总反射相位

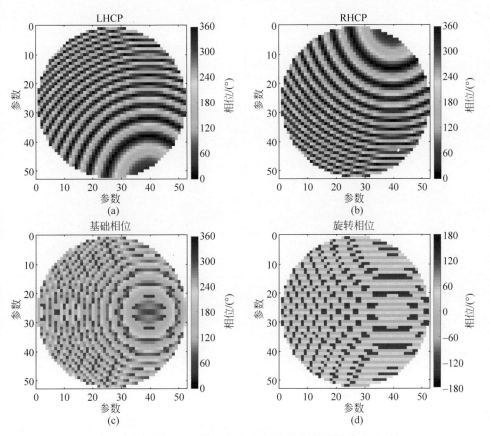

图 3.31 双圆极化反射阵列相位分布与设计（辐射方向为±30°）

(a) 产生−30°方向辐射的 LHCP 波束所需要的相位分布；

(b) 产生 30°方向辐射的 RHCP 波束所需要的相位分布；

(c) 产生独立调控的±30°双圆极化波束所需要的基础相位分布；

(d) 产生独立调控的±30°双圆极化波束所需要的旋转相位分布

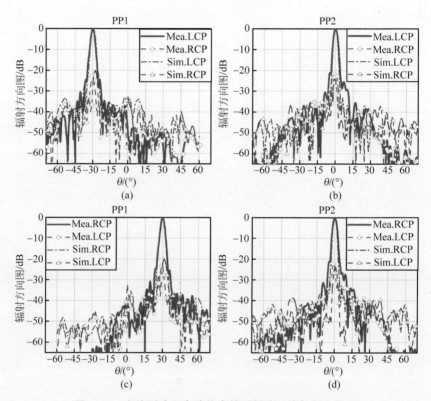

图 3.35　实验测试和全波仿真的反射阵天线辐射方向图

（a）LHCP 激励下在 xOz 平面(PP1)内的辐射波束；（b）LHCP 激励下在正交平面(PP2)内的辐射波束；
（c）RHCP 激励下在 xOz 平面(PP1)内的辐射波束；（d）RHCP 激励下在正交平面(PP2)内的辐射波束

(a)   (b)

图 4.17　全波仿真设置

（a）CST 全波仿真模型；（b）所需的补偿相位分布

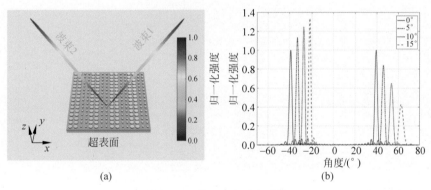

(a)   (b)

图 5.10　阵列全波仿真结果

（a）垂直入射；（b）斜入射

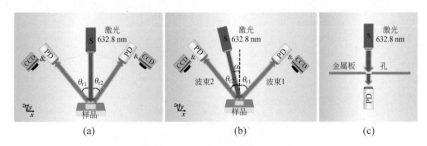

(a)   (b)   (c)

图 5.15　实验测试装置示意图

（a）垂直入射测试装置；（b）斜入射测试装置；（c）工作效率测试装置

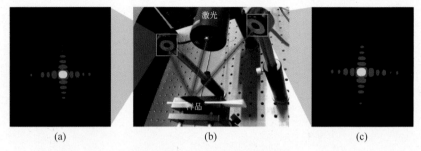

图 5.16　实验测试装置实物

（a）使用 CCD 拍摄的反射波束 2 的能量分布；（b）搭建的实验测试装置；

（c）使用 CCD 拍摄的反射波束 1 的能量分布

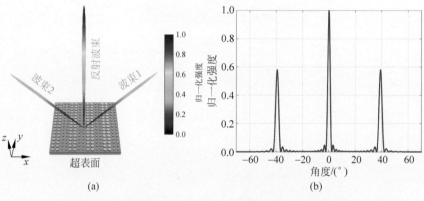

图 5.18　仿真的考虑加工误差的超表面的辐射方向图

超表面单元的直径分别设置为实际加工尺寸 110 nm 和 200 nm

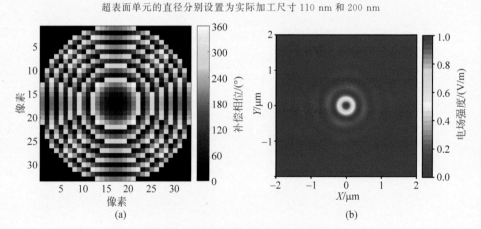

图 6.4　阵列全波仿真（$F/D = 0.25$）

（a）阵面上所需的补偿相位分布；（b）仿真的焦平面处的聚焦光斑结果

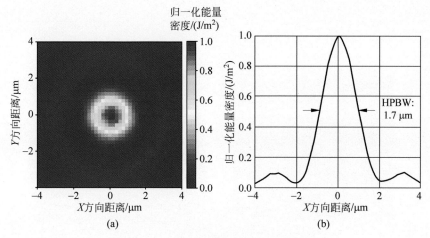

图 6.10　实验测试的聚焦光斑强度分布

（a）二维分布；（b）一维分布

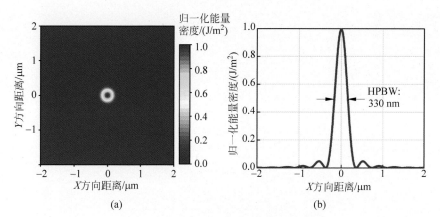

图 6.18　全波仿真的聚焦光斑强度分布

（a）二维分布；（b）一维分布

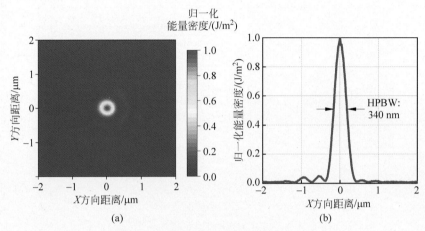

图 6.21　实验测试的聚焦光斑强度分布

（a）二维分布；（b）一维分布

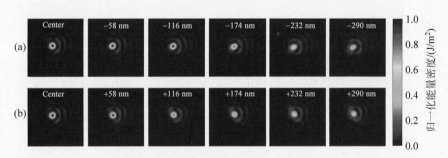

图 6.22　偏离焦平面时聚焦光斑的变化情况

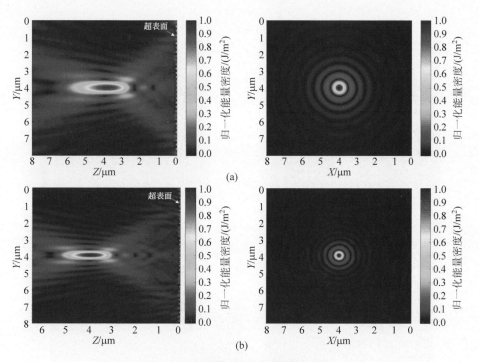

图 6.28　不同媒质中超透镜聚焦结果

（a）空气中聚焦；（b）介质中聚焦

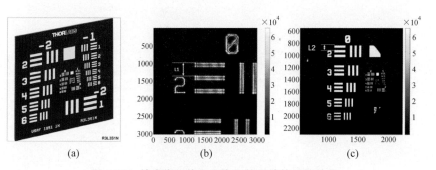

图 6.35　被成像物体和图像压缩系统的压缩效果

（a）USAF 分辨率板；（b）使用 CCD 对分辨率板直接成像的结果；

（c）使用 CCD 对经过图像压缩系统后的图像进行成像的结果

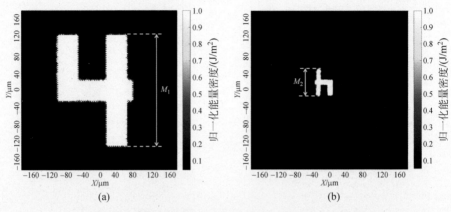

图 6.36　物体图像经过超表面望远镜系统前后的成像结果对比

（a）经过超表面望远镜系统之前；（b）经过超表面望远镜系统之后

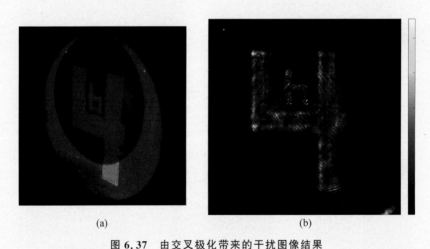

图 6.37　由交叉极化带来的干扰图像结果

（a）在光屏上的成像结果（使用相机拍摄）；（b）在 CCD 上的成像结果

清华大学优秀博士学位论文丛书

基于极化变换方法的电磁表面理论与应用

张兴良（Zhang Xingliang）著

Theory and Application of Artificial Electromagnetic Surfaces with Polarization Conversion

清华大学出版社
北京

内 容 简 介

本书对电磁表面的基本设计理论进行了介绍,包括电磁表面单元级别分析及设计和系统级别分析及设计,对电磁表面领域的初学者具有较好的指导意义。另外,本书提出了一系列基于极化变换方法的新型电磁表面调控理论,能够为传统电磁表面调控应用所面临的问题提供新的解决方法与思路,也能够给相关领域研究者的科学研究工作提供一定的启示。

图书在版编目(CIP)数据

基于极化变换方法的电磁表面理论与应用/张兴良著.—北京:清华大学出版社,2024.4
(清华大学优秀博士学位论文丛书)
ISBN 978-7-302-66044-6

Ⅰ. ①基… Ⅱ. ①张… Ⅲ. ①电磁－表面波－极化(电子学)－研究 Ⅳ. ①O353.2

中国国家版本馆 CIP 数据核字(2024)第 070798 号

责任编辑:李双双
封面设计:傅瑞学
责任校对:薄军霞
责任印制:刘海龙

出版发行:清华大学出版社
      网   址:https://www.tup.com.cn,https://www.wqxuetang.com
      地   址:北京清华大学学研大厦 A 座   邮   编:100084
      社 总 机:010-83470000   邮   购:010-62786544
      投稿与读者服务:010-62776969,c-service@tup.tsinghua.edu.cn
      质量反馈:010-62772015,zhiliang@tup.tsinghua.edu.cn
印 装 者:三河市东方印刷有限公司
经   销:全国新华书店
开   本:155mm×235mm   印   张:10.75   插   页:7   字   数:201 千字
版   次:2024 年 5 月第 1 版   印   次:2024 年 5 月第 1 次印刷
定   价:89.00 元

产品编号:092526-01

一流博士生教育
体现一流大学人才培养的高度(代丛书序)^①

人才培养是大学的根本任务。只有培养出一流人才的高校,才能够成为世界一流大学。本科教育是培养一流人才最重要的基础,是一流大学的底色,体现了学校的传统和特色。博士生教育是学历教育的最高层次,体现出一所大学人才培养的高度,代表着一个国家的人才培养水平。清华大学正在全面推进综合改革,深化教育教学改革,探索建立完善的博士生选拔培养机制,不断提升博士生培养质量。

学术精神的培养是博士生教育的根本

学术精神是大学精神的重要组成部分,是学者与学术群体在学术活动中坚守的价值准则。大学对学术精神的追求,反映了一所大学对学术的重视、对真理的热爱和对功利性目标的摒弃。博士生教育要培养有志于追求学术的人,其根本在于学术精神的培养。

无论古今中外,博士这一称号都和学问、学术紧密联系在一起,和知识探索密切相关。我国的博士一词起源于 2000 多年前的战国时期,是一种学官名。博士任职者负责保管文献档案、编撰著述,须知识渊博并负有传授学问的职责。东汉学者应劭在《汉官仪》中写道:"博者,通博古今;士者,辩于然否。"后来,人们逐渐把精通某种职业的专门人才称为博士。博士作为一种学位,最早产生于 12 世纪,最初它是加入教师行会的一种资格证书。19 世纪初,德国柏林大学成立,其哲学院取代了以往神学院在大学中的地位,在大学发展的历史上首次产生了由哲学院授予的哲学博士学位,并赋予了哲学博士深层次的教育内涵,即推崇学术自由、创造新知识。哲学博士的设立标志着现代博士生教育的开端,博士则被定义为独立从事学术研究、具备创造新知识能力的人,是学术精神的传承者和光大者。

① 本文首发于《光明日报》,2017 年 12 月 5 日。

博士生学习期间是培养学术精神最重要的阶段。博士生需要接受严谨的学术训练,开展深入的学术研究,并通过发表学术论文、参与学术活动及博士论文答辩等环节,证明自身的学术能力。更重要的是,博士生要培养学术志趣,把对学术的热爱融入生命之中,把捍卫真理作为毕生的追求。博士生更要学会如何面对干扰和诱惑,远离功利,保持安静、从容的心态。学术精神,特别是其中所蕴含的科学理性精神、学术奉献精神,不仅对博士生未来的学术事业至关重要,对博士生一生的发展都大有裨益。

独创性和批判性思维是博士生最重要的素质

博士生需要具备很多素质,包括逻辑推理、言语表达、沟通协作等,但是最重要的素质是独创性和批判性思维。

学术重视传承,但更看重突破和创新。博士生作为学术事业的后备力量,要立志于追求独创性。独创意味着独立和创造,没有独立精神,往往很难产生创造性的成果。1929 年 6 月 3 日,在清华大学国学院导师王国维逝世二周年之际,国学院师生为纪念这位杰出的学者,募款修造“海宁王静安先生纪念碑”,同为国学院导师的陈寅恪先生撰写了碑铭,其中写道:“先生之著述,或有时而不章;先生之学说,或有时而可商;惟此独立之精神,自由之思想,历千万祀,与天壤而同久,共三光而永光。”这是对于一位学者的极高评价。中国著名的史学家、文学家司马迁所讲的“究天人之际,通古今之变,成一家之言”也是强调要在古今贯通中形成自己独立的见解,并努力达到新的高度。博士生应该以“独立之精神、自由之思想”来要求自己,不断创造新的学术成果。

诺贝尔物理学奖获得者杨振宁先生曾在 20 世纪 80 年代初对到访纽约州立大学石溪分校的 90 多名中国学生、学者提出:“独创性是科学工作者最重要的素质。”杨先生主张做研究的人一定要有独创的精神、独到的见解和独立研究的能力。在科技如此发达的今天,学术上的独创性变得越来越难,也愈加珍贵和重要。博士生要树立敢为天下先的志向,在独创性上下功夫,勇于挑战最前沿的科学问题。

批判性思维是一种遵循逻辑规则、不断质疑和反省的思维方式,具有批判性思维的人勇于挑战自己,敢于挑战权威。批判性思维的缺乏往往被认为是中国学生特有的弱项,也是我们在博士生培养方面存在的一个普遍问题。2001 年,美国卡内基基金会开展了一项“卡内基博士生教育创新计划”,针对博士生教育进行调研,并发布了研究报告。该报告指出:在美国和欧洲，培养学生保持批判而质疑的眼光看待自己、同行和导师的观点同样非常不容易，批判性思维的培养必须成为博士生培养项目的组成部分。

对于博士生而言，批判性思维的养成要从如何面对权威开始。为了鼓励学生质疑学术权威、挑战现有学术范式，培养学生的挑战精神和创新能力，清华大学在2013年发起"巅峰对话"，由学生自主邀请各学科领域具有国际影响力的学术大师与清华学生同台对话。该活动迄今已经举办了21期，先后邀请17位诺贝尔奖、3位图灵奖、1位菲尔兹奖获得者参与对话。诺贝尔化学奖得主巴里·夏普莱斯（Barry Sharpless）在2013年11月来清华参加"巅峰对话"时，对于清华学生的质疑精神印象深刻。他在接受媒体采访时谈道："清华的学生无所畏惧，请原谅我的措辞，但他们真的很有胆量。"这是我听到的对清华学生的最高评价，博士生就应该具备这样的勇气和能力。培养批判性思维更难的一层是要有勇气不断否定自己，有一种不断超越自己的精神。爱因斯坦说："在真理的认识方面，任何以权威自居的人，必将在上帝的嬉笑中垮台。"这句名言应该成为每一位从事学术研究的博士生的箴言。

提高博士生培养质量有赖于构建全方位的博士生教育体系

一流的博士生教育要有一流的教育理念，需要构建全方位的教育体系，把教育理念落实到博士生培养的各个环节中。

在博士生选拔方面，不能简单按考分录取，而是要侧重评价学术志趣和创新潜力。知识结构固然重要，但学术志趣和创新潜力更关键，考分不能完全反映学生的学术潜质。清华大学在经过多年试点探索的基础上，于2016年开始全面实行博士生招生"申请-审核"制，从原来的按照考试分数招收博士生，转变为按科研创新能力、专业学术潜质招收，并给予院系、学科、导师更大的自主权。《清华大学"申请-审核"制实施办法》明晰了导师和院系在考核、遴选和推荐上的权力和职责，同时确定了规范的流程及监管要求。

在博士生指导教师资格确认方面，不能论资排辈，要更看重教师的学术活力及研究工作的前沿性。博士生教育质量的提升关键在于教师，要让更多、更优秀的教师参与到博士生教育中来。清华大学从2009年开始探索将博士生导师评定权下放到各学位评定分委员会，允许评聘一部分优秀副教授担任博士生导师。近年来，学校在推进教师人事制度改革过程中，明确教研系列助理教授可以独立指导博士生，让富有创造活力的青年教师指导优秀的青年学生，师生相互促进、共同成长。

　　在促进博士生交流方面,要努力突破学科领域的界限,注重搭建跨学科的平台。跨学科交流是激发博士生学术创造力的重要途径,博士生要努力提升在交叉学科领域开展科研工作的能力。清华大学于 2014 年创办了"微沙龙"平台,同学们可以通过微信平台随时发布学术话题,寻觅学术伙伴。3 年来,博士生参与和发起"微沙龙"12 000 多场,参与博士生达 38 000 多人次。"微沙龙"促进了不同学科学生之间的思想碰撞,激发了同学们的学术志趣。清华于 2002 年创办了博士生论坛,论坛由同学自己组织,师生共同参与。博士生论坛持续举办了 500 期,开展了 18 000 多场学术报告,切实起到了师生互动、教学相长、学科交融、促进交流的作用。学校积极资助博士生到世界一流大学开展交流与合作研究,超过 60% 的博士生有海外访学经历。清华于 2011 年设立了发展中国家博士生项目,鼓励学生到发展中国家亲身体验和调研,在全球化背景下研究发展中国家的各类问题。

　　在博士学位评定方面,权力要进一步下放,学术判断应该由各领域的学者来负责。院系二级学术单位应该在评定博士论文水平上拥有更多的权力,也应担负更多的责任。清华大学从 2015 年开始把学位论文的评审职责授权给各学位评定分委员会,学位论文质量和学位评审过程主要由各学位分委员会进行把关,校学位委员会负责学位管理整体工作,负责制度建设和争议事项处理。

　　全面提高人才培养能力是建设世界一流大学的核心。博士生培养质量的提升是大学办学质量提升的重要标志。我们要高度重视、充分发挥博士生教育的战略性、引领性作用,面向世界、勇于进取,树立自信、保持特色,不断推动一流大学的人才培养迈向新的高度。

清华大学校长
2017 年 12 月

丛书序二

以学术型人才培养为主的博士生教育,肩负着培养具有国际竞争力的高层次学术创新人才的重任,是国家发展战略的重要组成部分,是清华大学人才培养的重中之重。

作为首批设立研究生院的高校,清华大学自20世纪80年代初开始,立足国家和社会需要,结合校内实际情况,不断推动博士生教育改革。为了提供适宜博士生成长的学术环境,我校一方面不断地营造浓厚的学术氛围,一方面大力推动培养模式创新探索。我校从多年前就已开始运行一系列博士生培养专项基金和特色项目,激励博士生潜心学术、锐意创新,拓宽博士生的国际视野,倡导跨学科研究与交流,不断提升博士生培养质量。

博士生是最具创造力的学术研究新生力量,思维活跃,求真求实。他们在导师的指导下进入本领域研究前沿,吸取本领域最新的研究成果,拓宽人类的认知边界,不断取得创新性成果。这套优秀博士学位论文丛书,不仅是我校博士生研究工作前沿成果的体现,也是我校博士生学术精神传承和光大的体现。

这套丛书的每一篇论文均来自学校新近每年评选的校级优秀博士学位论文。为了鼓励创新,激励优秀的博士生脱颖而出,同时激励导师悉心指导,我校评选校级优秀博士学位论文已有20多年。评选出的优秀博士学位论文代表了我校各学科最优秀的博士学位论文的水平。为了传播优秀的博士学位论文成果,更好地推动学术交流与学科建设,促进博士生未来发展和成长,清华大学研究生院与清华大学出版社合作出版这些优秀的博士学位论文。

感谢清华大学出版社,悉心地为每位作者提供专业、细致的写作和出版指导,使这些博士论文以专著方式呈现在读者面前,促进了这些最新的优秀研究成果的快速广泛传播。相信本套丛书的出版可以为国内外各相关领域或交叉领域的在读研究生和科研人员提供有益的参考,为相关学科领域的发展和优秀科研成果的转化起到积极的推动作用。

　　感谢丛书作者的导师们。这些优秀的博士学位论文,从选题、研究到成文,离不开导师的精心指导。我校优秀的师生导学传统,成就了一项项优秀的研究成果,成就了一大批青年学者,也成就了清华的学术研究。感谢导师们为每篇论文精心撰写序言,帮助读者更好地理解论文。

　　感谢丛书的作者们。他们优秀的学术成果,连同鲜活的思想、创新的精神、严谨的学风,都为致力于学术研究的后来者树立了榜样。他们本着精益求精的精神,对论文进行了细致的修改完善,使之在具备科学性、前沿性的同时,更具系统性和可读性。

　　这套丛书涵盖清华众多学科,从论文的选题能够感受到作者们积极参与国家重大战略、社会发展问题、新兴产业创新等的研究热情,能够感受到作者们的国际视野和人文情怀。相信这些年轻作者们勇于承担学术创新重任的社会责任感能够感染和带动越来越多的博士生,将论文书写在祖国的大地上。

　　祝愿丛书的作者们、读者们和所有从事学术研究的同行们在未来的道路上坚持梦想,百折不挠!在服务国家、奉献社会和造福人类的事业中不断创新,做新时代的引领者。

　　相信每一位读者在阅读这一本本学术著作的时候,在吸取学术创新成果、享受学术之美的同时,能够将其中所蕴含的科学理性精神和学术奉献精神传播和发扬出去。

清华大学研究生院院长

2018 年 1 月 5 日

导师序言

　　界面电磁学是近年来电磁学领域迅速发展的一个研究方向，主要研究在物质表面或分界面处产生的独特而丰富的电磁学现象，并研发基于这些物理现象的新型电磁器件与信息应用系统。界面电磁学的研究对于新型电磁器件的设计与分析具有重要的理论指导意义，随着界面电磁学的不断发展，越来越多的人工电磁表面被应用于各类微波、太赫兹及光学器件和系统中。

　　人工电磁表面是利用人工设计的二维型电磁单元结构，通过设计阵列中的单元空间排布，来实现对电磁波传播行为的特定调控。依据调控功能的不同，人工电磁表面主要可分为幅度调控型、相位调控型、极化调控型、频率调控型、波矢调控型等基本类型，以及由上述组合而成的各种混合调控类型。例如，可实现幅度调控功能的频率选择表面、光栅、吸波结构，可实现相位调控功能的人工磁导体、相移表面、全息表面，可实现极化调控功能的极化栅和极化转化器等。在研究的初始阶段，不同类型的电磁表面各司其职，分别发挥不同的电磁波调控功能。随着研究的深入发展，可同时调控幅度、相位、极化等多维度电磁特性的人工电磁表面越来越引起人们的重视，也为解决本领域内的诸多传统难题提供了新的解决思路。

　　本研究针对当前人工电磁表面调控理论和工程应用中面临的诸多瓶颈，将极化调控特性引入传统的相位调控电磁表面之中，探索极化—相位相联合的人工电磁表面调控新路径，并应用于实现新型的高性能微波反射阵列天线、透射阵列天线和光学超构表面。在反射阵天线方向，所提出的基于极化变换的镜像组合调控技术和旋转组合调控技术，可分别用于实现反射阵列天线的带宽提升、幅度—相位联合调控和双圆极化波束独立调控；在透射阵天线方向，所提出的基于极化变换的旋转相位调控技术，可应用于实现双层高效率的透射阵天线，可突破传统主极化模式下结构层数对相位范围和透射效率的限制问题；在光学超构表面方向，研究了新型的集成化光学器件和系统，实现了纳米级厚度的光学分束器、高数值孔径超透镜和单片集成的望远镜系统，为人工电磁表面技术在光学领域的应用做出了初步探索。

　　本书是张兴良博士在清华大学微波与天线研究所学习期间的成果汇总，充分体现了他在本领域所具有的坚实宽广基础理论和系统深入专业知识，体现了他敢于跨越微波领域和光学领域的积极探索精神，体现了他的优秀科研创新能力。本书的出版得到了清华大学研究生院和清华大学出版社的大力支持和资助，谨在此一并表示衷心的感谢。

　　期待本书对界面电磁学领域的研究者起到积极的参考作用，欢迎大家的指导和交流。对本书中存在的缺点和不足之处，请读者不吝批评指正。

清华大学电子工程系

2024 年 4 月

摘　要

　　电磁表面作为一种二维人工电磁材料,可对电磁波的相位、振幅、极化等特性进行特定的调控。由于具有调控能力灵活和结构轻薄的优势,因此电磁表面在微波高增益天线和光学集成器件中具有广阔的应用前景。但是,目前针对电磁表面调控理论和工程应用的研究,仍然存在一些关键的研究瓶颈。为此,本书在以下几个方面开展了系统深入的研究。

　　在微波反射阵天线研究方面,本书提出了基于极化变换方法的反射式电磁表面调控方法,并将此方法应用于实现新型的宽带反射阵、幅度相位调控反射阵和双圆极化反射阵的天线设计。首先,本书提出了镜像组合调控技术,在极化转换模式下,通过组合应用镜像单元和初始单元,将相位覆盖范围扩展至原来的两倍,使单元具有线性的360°相位调控范围,从而实现了反射阵天线的带宽拓展;其次,提出了旋转组合调控技术,在极化转换模式下组合应用单元旋转法和变尺寸法(或延迟线法),此时,在线极化激励下,单元可具有独立的反射振幅和反射相位响应,从而实现了幅度相位调控反射阵天线;在圆极化激励下,单元对左旋圆极化和右旋圆极化具有独立的相位响应,从而实现了具有独立辐射波束控制的双圆极化反射阵列天线。

　　在微波透射阵天线研究方面,本书提出了基于极化变换方法的透射相位调控方法,并将此方法应用于实现双层高效率透射阵天线。在圆极化激励下利用极化转换的单元旋转调控方法,双层单元结构实现了360°的相位调控范围,并且透射振幅始终大于−1 dB。此项工作突破了传统主极化模式下结构层数对相位范围和透射效率的限制,为实现少层的高效率透射阵天线提供了理论基础。

　　在高频的光波频段,本书发展了基于电磁表面技术的新型光学集成器件和系统。首先,本书基于电磁表面同极化相位调控技术,设计了可集成的纳米级光学分束器,实现了对入射光束的分离功能;其次,基于电磁表面极化转换相位调控技术,设计了反射式和透射式两种类型的大数值孔径超透镜,实现了可集成的高分辨率光学透镜器件;最后,基于双层级联超表面技术,实现了单片集成的望远镜系统,将电磁表面在光学领域的应用从器件层级发展至系统层级。

关键词:电磁表面;反射阵;透射阵;光学超表面;极化变换

Abstract

The electromagnetic surface is a type of two-dimensional artificial material, and it can manipulate the phase, amplitude, polarization of electromagnetic waves. Because of its planar structure, light weight, and flexible controlling ability for electromagnetic waves, it has wide application prospects in high-gain microwave antennas and novel integrated optical devices. However, there are still some key bottlenecks in theoretical researches and applied researches for electromagnetic surfaces. Therefore, this work has carried out a systematic and in-depth study on the electromagnetic surface.

In the research of microwave reflectarray antenna, a methodology of controlling reflective electromagnetic surfaces based on polarization conversion is proposed, and it is applied to achieve novel broadband reflectarrays, amplitude-phase reflectarrays and dual-CP reflectarrays. Firstly, the mirror combined approach with polarization conversion is proposed. By combining the mirror element and the initial element, the reflection phase coverage is doubled, so that the element achieves a linear 360° phase shift, which can be used to extend the bandwidth of reflectarray antennas. Secondly, the rotational combined approach with polarization conversion is proposed, which combines the element rotation approach and the variable size approach (or transmission delay-line approach). Under the linear polarization excitation, the reflection amplitude and reflection phase can be controlled independently. Under the circular polarization excitation, the reflection phases of LHCP and RHCP waves are decoupled, thus the dual-CP reflectarray antenna with independent radiation beams can be achieved.

In the research of microwave transmitarray antenna, a methodology of controlling transmission phase based on polarization conversion is proposed, and it is applied to achieve dual-layer high-efficiency transmitarray. Under the excitation of circularly polarized wave, full 360° transmission phase can be achieved by rotating the double-layer element, and the transmission amplitude is always better than -1 dB. This work breaks through the theoretical limitation of the number of layers on the phase shift range and transmission efficiency using the traditional co-polarization approaches, and provides a theoretical basis for the realization of few-layer high-efficiency transmitarray antenna.

In the visible light region, the electromagnetic surface technique has been applied in several optical integrated devices and systems. First of all, based on the co-polarization phase controlling technique, a nanoscale integrated optical beam splitter is realized, which can separate one incident light beam into two beams. Secondly, based on the polarization-conversion phase tunning technique, the reflective metalens and transmissive metalens with large numerical apertures are studied, and the integrated high-resolution metalenses are realized. Finally, a single-chip integrated telescope system is achieved using the dual-layer cascaded metasurfaces technique, which develops the application of optical electromagnetic surfaces from the device level to the system level.

Key words: electromagnetic surface; reflectarray antenna; transmitarray antenna; optical metasurface; polarization conversion

目　录

第1章　绪论 ··· 1

1.1　研究背景及意义 ··· 1

    1.1.1　微波电磁表面 ····································· 1

    1.1.2　光学电磁表面 ····································· 2

1.2　电磁表面的发展历程 ····································· 2

1.3　电磁表面的研究现状 ····································· 5

    1.3.1　微波反射阵列天线文献综述 ························· 6

    1.3.2　微波透射阵列天线文献综述 ························ 11

    1.3.3　光学超表面文献综述 ······························ 13

1.4　本书研究的主要内容及章节安排 ···························· 15

    1.4.1　主要研究内容框架 ································ 15

    1.4.2　分章节内容安排 ·································· 16

第2章　电磁表面分析和设计原理 ······························· 19

2.1　本章引言 ··· 19

2.2　电磁表面单元级别分析和设计 ······························ 20

    2.2.1　反射单元相位调控方法 ···························· 20

    2.2.2　透射单元相位调控技术 ···························· 24

2.3　电磁表面系统级别分析和设计 ······························ 25

    2.3.1　口面效率计算 ··································· 25

    2.3.2　方向图与增益计算 ································ 27

2.4　本章小结 ··· 28

第3章　微波频段反射式电磁表面极化转换调控技术研究 ·············· 29

3.1　本章引言 ··· 29

3.2　宽带反射阵列天线研究 ·· 31

　　3.2.1　本节引言 ··· 31

　　3.2.2　宽带反射单元的设计原理 ·································· 32

　　3.2.3　单元及阵列的设计与仿真 ·································· 35

　　3.2.4　实验验证 ··· 41

　　3.2.5　本节小结 ··· 45

3.3　幅度相位调控反射阵列天线研究 ······························ 45

　　3.3.1　本节引言 ··· 45

　　3.3.2　幅度相位调控原理 ·· 46

　　3.3.3　单元设计仿真 ··· 48

　　3.3.4　本节小结 ··· 53

3.4　双圆极化反射阵列天线研究 ······································ 54

　　3.4.1　本节引言 ··· 54

　　3.4.2　独立双圆极化相位调控原理 ······························ 55

　　3.4.3　单元及阵列的设计与仿真 ·································· 58

　　3.4.4　实验验证 ··· 64

　　3.4.5　本节小结 ··· 67

3.5　本章小结 ·· 68

第4章　微波频段透射式电磁表面极化转换调控技术研究 ········ 69

4.1　本章引言 ·· 69

4.2　设计原理 ·· 70

4.3　单元及阵列的设计与仿真 ·· 73

　　4.3.1　单元设计与仿真 ··· 73

　　4.3.2　阵列设计与仿真 ··· 82

4.4　实验验证 ·· 83

4.5　本章小结 ·· 86

第5章　光波频段电磁表面同极化相位调控技术研究 ············· 87

5.1　本章引言 ·· 87

　　5.1.1　光波频段电磁表面的发展与应用 ······················ 87

　　5.1.2　光学电磁表面的基本材料 ·································· 88

　　　　5.1.3　光波频段电磁表面的基本工艺 ················ 90

　　5.2　设计原理 ······························· 90

　　　　5.2.1　广义斯奈尔定律原理 ················ 90

　　　　5.2.2　阵列天线原理 ···················· 91

　　5.3　单元及阵列的设计与仿真 ·················· 91

　　　　5.3.1　单元设计与仿真 ·················· 91

　　　　5.3.2　阵列设计与仿真 ·················· 94

　　5.4　实验验证 ······························· 95

　　　　5.4.1　样品微纳加工 ···················· 95

　　　　5.4.2　实验测试与结果分析 ·············· 99

　　5.5　本章小结 ···························· 102

第6章　光波频段电磁表面极化转换调控技术研究 ········ 103

　　6.1　本章引言 ···························· 103

　　6.2　反射式聚焦透镜研究 ···················· 103

　　　　6.2.1　本节引言 ······················ 103

　　　　6.2.2　设计原理 ······················ 104

　　　　6.2.3　反射式电磁表面设计与仿真 ········ 105

　　　　6.2.4　实验验证 ······················ 108

　　　　6.2.5　本节小结 ······················ 112

　　6.3　透射式聚焦透镜研究 ···················· 112

　　　　6.3.1　本节引言 ······················ 112

　　　　6.3.2　透射式电磁表面设计与仿真 ········ 113

　　　　6.3.3　实验验证 ······················ 120

　　　　6.3.4　本节小结 ······················ 123

　　6.4　单片集成超表面望远镜系统研究 ·········· 123

　　　　6.4.1　本节引言 ······················ 123

　　　　6.4.2　设计原理 ······················ 124

　　　　6.4.3　超表面设计与仿真 ················ 125

　　　　6.4.4　实验验证 ······················ 128

　　　　6.4.5　本节小结 ······················ 135

　　6.5　本章小结 ···························· 136

第 7 章　总结及展望……………………………………………… 137

　　7.1　总结　…………………………………………………… 137

　　7.2　展望　…………………………………………………… 140

参考文献……………………………………………………………… 142

在学期间发表的学术论文…………………………………………… 152

致谢………………………………………………………………… 153

第1章 绪 论

1.1 研究背景及意义

1.1.1 微波电磁表面

高增益天线作为无线通信链路的前端,其性能将直接影响整个无线通信系统的性能。传统的高增益天线主要有反射面天线[1]和微带贴片阵列天线[2-3]等类型。其中,反射面天线因结构简单、效率高、工作宽带宽等优点,在无线通信系统中得到了普遍应用。但是,反射面天线的体积较为笨重,伺服系统复杂,且只能进行机械式的波束扫描。并且,需要加工特定曲率的反射表面,当工作频率逐渐升高时,反射面天线对加工精度的要求也逐渐提高。而微带贴片阵列天线具有剖面低、质量轻、可采用 PCB 工艺加工、可进行电控的波束扫描等优点。但是,微带贴片阵列天线具有难以适用于超大口径和超高频率的应用场景的缺点。因为随着阵元数目增加,馈电网络的设计变得越来越复杂,馈电损耗也会随着频率的升高而迅速升高。因此,传统的高增益天线设计方案,无论是反射面天线还是微带阵列天线,都具有各自的缺点。

随着无线通信系统对高增益天线需求的日益发展,迫切需要基于新原理和新工艺设计新型的高性能、高增益天线。在此背景下,基于电磁表面调控技术的反射阵天线(reflectarray antenna)[4-6]和透射阵天线(transmitarray antenna)[7-8]应运而生。控制电磁表面的形状、尺寸大小等参数,可以实现对电磁波的相位、振幅和极化特性等的特定调控。因此,可以利用电磁表面形成所需要的口面相位分布,人为地操控反射波或透射波的辐射方向,这也就是反射阵天线和透射阵天线的基本设计思想。当前,反射阵天线和透射阵天线已经成为面向未来的高性能、高增益天线的重要发展方向。反射阵天线和透射阵天线集成了传统的反射面天线和微带阵列天线的优势,并克服了它们的缺点,具有剖面低、质量轻、辐射波束灵活、易于共形等突出优势。这些性能优势,使它们在雷达、遥感、电子对抗等军事领域,以及移动通信、卫星通信等民用领域,都具有广阔的应用前景。

1.1.2　光学电磁表面

随着应用需求的不断发展,电磁表面调控技术逐步往高频方向发展,并从微波频段发展至光波频段。光波频段的电磁表面,通常又称为光学超表面(optical metasurface)。由于光波的波长更短,电磁表面单元的尺寸通常在几微米至几百纳米,因此微纳加工技术水平对光学超表面的发展尤为关键。自21世纪以来,微细加工技术,如电子束光刻(e-beam lithography,EBL)、聚焦离子束(focus ion beam,FIB)和反应离子刻蚀(reactive ion etching,RIE)等微结构制备技术日益完善并不断革新,人们得以掌握制备纳米级精细结构的光刻技术[9-11],为实现光学超表面的制备奠定了技术基础。

在传统光学中,对光场的操控主要依据光波在不同媒质中传播时的光程累积。受限于自然材料有限的折射率变化范围,传统光学器件通常体积大、质量大,无法适应未来对光学器件小型化、轻量化的要求,尤其是无法适应未来片上光学系统对器件集成化的要求。光学超表面的出现,为实现光学器件与系统的小型化、轻量化和集成化提供了全新的路径。类似微波电磁表面,光学电磁表面可对光波的相位、振幅、极化等特性进行特定的调控,从而可以实现所设计的新型光学器件。目前,利用光学超表面技术已经实现了光束偏折[12-16]、光束聚焦[17-24]、全息成像[25-32]等多种光学功能,并且展现出蓬勃的发展前景。

综上所述,电磁表面技术对高增益天线及集成化光学器件和系统都具有重要的意义。无论是在微波频段还是光波频段,对电磁表面的研究具有共性的研究目标:一方面,利用电磁表面技术,期望获得微波和光学器件的小型化、轻量化及集成化;另一方面,利用电磁表面技术,期望获得传统方式所无法实现的新的功能和更优的性能。

1.2　电磁表面的发展历程

The essence of a thing is hidden in its interior,while the (misleading) sensate qualities are caused by the surface.

Democritos,460—365 B. C.

如著名的古希腊哲学家 Democritos 所言,很多时候,事物的本质隐藏在其内部,而人们对事物的认识却通过其外部特征,也就是表面(surface)来获得[33]。因此,对表面科学的研究可以加深人们对事物内在属性的正确认识,从而避免产生错误判断。在化学中,众多化学反应都是在物体的表面上进行的,如多相催化、化学腐蚀等过程;在物理学中,表面扩散、表面重建、外延、电子的发射与隧穿等物理现象,均是在表面上进行的;在材料学中,石墨烯[34]的发明引起了科学界和工程界的广泛兴趣;在生物学中,细胞膜上进行的选择性的物质交换、营养物质吸收、代谢废物排出、蛋白质的分泌与运输等过程,也是在生物膜的表面上进行的。总之,表面科学和表面工程对现代工业有着广泛的影响,与人类健康密切相关,表面科学研究对人类社会发展具有重要影响[33]。

电磁表面的研究在电磁学领域具有重要地位。麦克斯韦方程组作为一个统一的基本定理,被用来描述所有考虑三维空间变化的宏观电磁现象。因此,电磁场振荡的空间维数可以用来区分不同的电磁现象。目前,我们对于每一种类型的电磁现象,都基于麦克斯韦方程组建立了相应的定理,如图 1.1 所示。

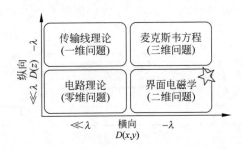

图 1.1　电磁问题分类和界面电磁学的学科定位

第一类,当研究对象在横向尺度和纵向尺度都可与波长相比拟时,采用麦克斯韦方程组可以求解三维空间中场的分布,此时称为三维电磁问题。起初,由于计算过程的复杂性,只能获得几种规则几何体的解析解。后来,随着计算能力的提升,可以采用数值计算的方法求解麦克斯韦方程组,从而可以适应不同材料媒质、不同几何形状和复杂的边界条件。

第二类,研究对象在横向尺度和纵向尺度都远小于波长,称为零维问题,可采用经典的电路理论来求解。在电路理论中,通过采用电感、电容和电阻来表征所研究电路的特性,简化了麦克斯韦方程组的形式和复杂度。

第三类,研究对象在横向尺度远小于波长,而在纵向尺度与波长相比拟,称为一维问题。例如,微波工程中的传输线和光波导均是一维电磁问题,可采用传输线理论进行分析。在传输线理论中,特征阻抗(Z_0)和传播常数(β)被用来表征一维电磁问题的传输特性。

第四类,二维电磁问题,其研究对象在纵向尺度上远小于波长,而在横向尺度上与波长相比拟。此时,经典的电路理论和传输线理论不再适用,而一般的三维电磁方法分析过于复杂。因此,一般电磁界面的特征参数需要定义,麦克斯韦的简化定理方程也需要推导。

从图1.1所示的电磁问题分类结果中可以看出,研究二维问题的界面电磁学理论,与传统的麦克斯韦方程理论、电路理论及传输线理论,在电磁学的学科门类中具有相同的地位。因此,对于界面电磁学的研究,需要引起研究者足够的重视。

事实上,电磁表面具有较悠久的发展历史,其发展脉络如图1.2所示。早在17世纪,荷兰物理学家威理博·斯涅尔就提出了著名的Snell定律,指出电磁波从一种媒质入射进另一种媒质时,在界面上会发生反射和折射,并给出了反射角、折射角与入射角之间的关系。需要指出的是,Snell定律所描述的电磁界面是连续均匀的界面,媒介也是自然界中存在的导体和介质材料。

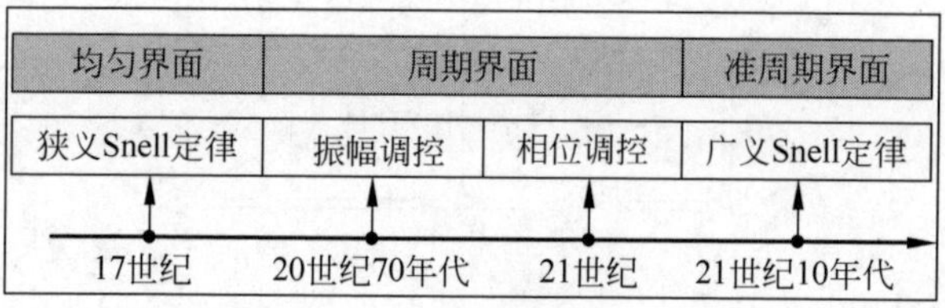

均匀界面	周期界面		准周期界面
狭义Snell定律	振幅调控	相位调控	广义Snell定律
17世纪	20世纪70年代	21世纪	21世纪10年代

图1.2　电磁表面的发展历程

频率选择表面(frequency selective surfaces,FSS)的发明是界面电磁学发展过程中的一个巨大进步[35-38]。20世纪六七十年代,随着雷达技术的发展,人们希望寻找一种窄带的雷达吸波材料,以使不同频段的电磁波可以选择性地透过或反射。频率选择表面是一种由周期晶格中的相同单元组成的阵列,是一种平面的二维结构,可以实现对电磁波振幅的调控。目前,频率选择表面已广泛应用于民用领域和国防军事领域,例如,它可以被用来设计微波炉的门,使微波炉使用的微波频段不能透过门,但允许光线通过。频率选择表面的反向功能被用来设计航天器的遮阳板,使微波信号可以通过以用于通信,光波被反射以避免过热。在光学中,频率选择表面又被称为光栅,是激光源中的关键部件。

2000年前后,学者们提出了电磁带隙结构(electromagnetic band gap,

EBG)[39-42]的概念。当人们研究电磁表面的相位曲线时,发现相位曲线可以随着频率发生变化。在低频和高频下,EBG 表面的反射相位类似于理想导体(PEC),反射相位接近 180°。而在中心频率处,EBG 表面的反射相位为 0°,这与自然界中不存在的理想磁导体(PMC)相同。因为 EBG 表面可以模拟自然界中不存在的 PMC 表面,因此在某些应用中,EBG 表面也被称为人工磁导体(artificial magnetic conductor,AMC)。从 EBG 电磁表面的特性可以看出,使用电磁表面实现了相位的调控。

随着界面电磁理论的不断发展,在 2010 年前后,研究者提出了广义 Snell 定律的概念[43]。广义 Snell 定律指出,如果在电磁界面上引入所设计的相位变化梯度,可以任意地调控反射波和透射波的传播方向。此时的电磁界面,是一种准周期的电磁界面,阵列仍然按照周期性的单元晶格排布,但是每一个晶格内部的单元结构不再完全相同,可以通过对每个单元的结构进行独立设计,从而任意地调控电磁波的振幅、相位、极化等特性。准周期的电磁界面,在微波频段和光波频段都具有广泛的应用,在微波频段,可用于实现新型的高增益天线,如反射阵天线和透射阵天线等;在光学频段,通过设计光学超表面可以对光波传播方向进行操控,如实现光束偏转、光束聚焦、全息成像等多种光学调控功能。

纵观电磁表面的整个发展过程,我们可以发现其发展具有以下特点。一方面,电磁表面已经从自然界中存在的连续均匀的电磁表面,发展至呈单元晶格排布、单元相同的周期性电磁表面,再发展至呈周期性晶格排布、晶格内部单元不同的准周期性电磁表面。另一方面,电磁表面对电磁波的调控功能已经从单维度的振幅调控或相位调控,发展至振幅、相位、极化等多种电磁特性多维度的同时调控。非常有趣的是,如果将电磁表面的发展历程与电路理论中信号的发展历程相比较,会发现非常相似的演化规律[33]。最初的电磁界面是均匀界面,相当于电路中的直流信号;后来发展至周期性的电磁表面,相当于电路中的交流信号;再到后来发展至准周期的电磁表面,相当于电路中的载波加载调制信号。其中,电磁表面研究的是场在空间域的变化,而电路研究的是信号在时间域的变化。我们相信,电磁表面也会像电路信号的研究一样,取得不断的进步和长足的发展。

1.3　电磁表面的研究现状

本研究将电磁表面作为研究对象,研究电磁表面的基础调控理论,并将它应用于实现新型的微波和光学器件。

为了突出本研究的重点内容,以下内容聚焦反射阵天线的宽带技术、幅度相位调控技术、双极化相位调控技术、少层高效率透射阵天线设计技术,以及光学超表面的发展与典型应用等,并对这些领域中具有代表性的研究成果及存在的问题进行回顾。

1.3.1 微波反射阵列天线文献综述

1.3.1.1 宽带反射阵列天线综述

现有反射阵天线的带宽较窄,是阻碍它实际应用的重要因素。如果带宽问题无法解决,反射阵天线就难以替代传统天线开展大规模的实际应用。反射阵天线的带宽主要受两方面因素影响,分别是单元带宽(bandwidth of elements)和空间相位延迟差(differential spatial delay)[6]。对于小型尺寸或中等尺寸的反射阵天线,单元带宽是阵列带宽的主要限制因素,而对于大型或超大型反射阵天线,空间相位延迟差是阵列带宽的主要影响因素。目前,学者们提出了多种增加天线带宽的方法,包括单元层面和系统层面的宽带设计方法,其汇总结果如图 1.3 所示。接下来,本章将分别对这些宽带技术开展讨论,并对比其优势和劣势。

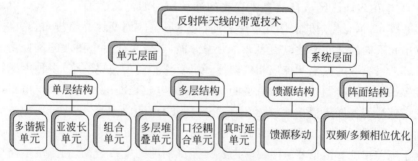

图 1.3 反射阵天线的带宽技术

本节首先介绍单元层面的带宽技术研究。最初学者们提出,通过增加单元结构层数来提升单元带宽。2001 年,J. A. Encinar 教授研究团队提出,可通过使用双层单元结构[44]或三层单元结构[45]来增加单元带宽。在中心频率 12 GHz 下,使用双层结构实现的 1.5 dB 相对增益带宽为 16.7%,使用三层单元结构实现的 0.5 dB 相对增益带宽为 10%。

接着在 2006 年,J. A. Encinar 教授团队提出多层口径耦合单元的设计概念。相位通过孔径后的枝节的长度来调控,以此来增加单元带宽[46-48]。2008 年,该研究团队又提出了真时延(true time delay,TTD)宽带单元设计技术[47]。与传统的 360°相位截断相位补偿方法设计的反射阵相比,采用真时延技术(无 360°相位截断)设计的反射阵天线,在高频段的增益可保持相对平缓的变化。由此得出,真时延技术能有效提高大口径反射阵的增益带宽。

通过多层堆叠单元、口径耦合单元和真时延单元的成功应用,可以得出:增加单元的结构层数可以有效提升单元带宽。然而,结构层数的增加,使得天线的体积更大,介质损耗升高,天线的加工难度和加工成本也大大增加。因此,多层结构并不符合实际工程应用需求,而单层的宽带反射阵设计会具有更大的吸引力。

针对单层宽带反射单元,学者们提出了不同的设计方案。2008 年,澳大利亚昆士兰大学的 M. E. Bialkowski 教授提出,使用单层的双方环或者双圆环单元可以满足相位变化范围和相位曲线平滑性的双重要求,从而使得单层单元结构可以实现与双层单元结构相比拟的单元性能[49]。单层结构采用与双层结构相同的介质厚度,得到了几乎一致的相移曲线。也就是说,采用多谐振单元外并且增加单元厚度的方法,可以增加单元带宽。受此启发,研究者们提出了各种不同的单层单元形式。例如,加拿大的 M. Reza Chaharmir 等提出了双交叉十字环的结构[50],意大利的 P. De. Vita 等学者提出了具有双谐振特性的改进型 Malta 单元等[51]。这些设计的基本思想都是采用多谐振单元并采用较厚的单元厚度。

研究还发现,采用亚波长单元可以有效增加单元带宽。早在 2007 年,美国 UMass Amherst 学校的 D. M. Pozar 教授提出,采用亚波长单元可以有效增加单元带宽[52]。后来,Payam Nayeri 等对亚波长拓宽带宽的原理进行了详细阐述,并实验证明了亚波长的带宽反射阵列天线[53]。受此启发,其他研究者提出了不同的亚波长单元设计方案,包括采用 FR4 介质板的亚波长反射阵[54]、加载枝节线的改进型双方环的宽带反射阵[55]、马赛克单元反射阵[56]和亚波长宽带折叠反射阵[57]等。

此外,韩国延世大学的 J. H. Yoon 教授提出,通过设计组合单元来提升反射阵的增益带宽[58],他采用的三种调相单元,分别是方形贴片、方形环和方形环内嵌方形贴片单元,通过组合应用三种单元,实现了 360°的相移范围,从而将增益带宽从 9.7% 提升至 11.7%,并且天线增益也有 1.9 dB 的提升。

从系统层面,使用双频或多频优化法可以增加反射阵天线的带宽。美国密西西比大学的毛艺霖博士和清华大学的邓如渊博士,都提出了使用双频相位综合设计来展宽反射阵带宽的方法[59-61]。其设计思想是,设计两个相邻的工作频点,使单元在这两个频点上的综合相位误差最小。

综上所述,学者们目前已经提出了多种增加反射阵天线带宽的方法,但是上述提及的宽带化方法各有优缺点,难以满足不同场合的应用需求。尤其需要注意的是,目前的宽带反射阵设计方法,通常适用于主极化模式,而未考虑极化转化工作模式下单元的带宽特性。因此,极化特性因素的引入,或许可以为宽带反射阵的设计带来新的思路。

1.3.1.2　幅度相位调控反射阵列天线综述

1.3.1.1 节介绍了不同的宽带反射阵设计实例,主要关注的是天线的主波束辐射特性,因而只采用单一的相位调控方式。实际上,电磁表面不仅可以调控电磁波的相位,还可以调控电磁波的振幅。振幅和相位的联合调控,可以提升阵列性能,更好地满足实际应用需求。例如,通过设计适当的反射阵列单元的相位和幅度,天线的旁瓣电平可以降低。根据阵列天线理论,旁瓣电平水平可以通过设计阵列的激励振幅分布来实现控制,如Chebyshev 分布或 Taylor 分布等[62]。此外,在阵列天线的波束赋形、微波成像等应用场景中,同时调控阵列单元的幅度和相位,增加了设计自由度,有利于实现更精确的辐射波束或成像性能。接下来,本书将分别对这些幅度-相位同时调控的技术开展讨论,并对比其优势和劣势。

近年来,研究者们相继提出了不同的设计方案,以实现同时调控单元的反射振幅和反射相位。如图 1.4 所示,这其中有两种设计思路,一种是将入射到电磁表面上的能量放大,根据不同的能量放大倍率实现振幅的调控;另一种是将入射能量消耗,根据不同的能量消耗比例来实现振幅的调控。

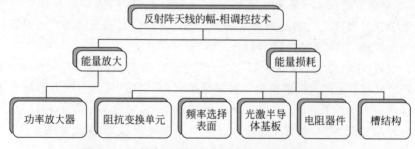

图 1.4　反射阵天线幅度相位调控的实现路径分类

第一种类型是能量放大型幅度相位调控单元。2002 年,澳大利亚昆士兰大学的 M. E. Bialkowski 教授提出,使用加载功率放大器将能量放大的方法来调控反射振幅[63],采用双馈孔径耦合微带贴片天线,以适应功率放大器和移相电路的要求。2012 年,加拿大多伦多大学 Sean Victor Hum 研究团队也提出了基于功率放大器的振幅和相位同时调控方案[64]。该单元是一个口径耦合贴片单元,首先接收线极化的入射波,然后在传输线上进行相移和放大,最后以正交极化波的形式辐射出去。虽然通过加装功率放大器实现了振幅和相位的同时调控,但是单元需要复杂的直流偏置电路,加工复杂,成本较高。

第二种类型是能量消耗型幅度相位调控单元,这其中又分为多种不同的形式。2009 年,北爱尔兰贝尔法斯特女王大学的 Vincent Fusco 教授团队提出,可使用阻抗变换单元实现反射振幅的调控[65]。但是,该方案需要额外的直流偏置电路,增加了设计复杂度和加工成本。2011 年,日本东北大学的 Jianfeng Li 等提出,使用频率选择表面替代传统的金属反射地板,可以实现反射振幅和相位的同时调控,将使用改进型方环单元的非均匀 FSS 作为单元的反射地板,通过适当控制 FSS 的各个单元尺寸,可以控制每个反射阵单元的反射振幅。后来,成都电子科技大学的 Gengbo Wu 等提出了相似的设计方案,单元地板采用了使用方环单元的非均匀 FSS[66]。然而,采用非均匀 FSS 作为单元金属地板的设计方式,在改变 FSS 单元尺寸实现振幅调控的过程中,会引入一定的相位误差。2016 年,伦敦玛丽女王大学的 Peter Alizadeh 等提出,通过利用 LED 光源对半导体的介质基板进行光照射来改变介质层的特性,可以实现反射振幅的调控[67]。2016 年,清华大学杨帆课题组的杨欢欢博士提出,通过在单元结构上加载电阻器件可实现反射振幅的调控[68],且仿真和实验证明了所设计单元的反射振幅只依赖加载电阻的阻值大小,而反射相位只依赖单元的尺寸结构大小或旋转方向,实现了反射振幅和反射相位的独立调控。2019 年,西北工业大学的 Muhammad Wasif Niaz 等提出了电阻反射单元的概念,通过设计独立的电阻贴片层来调控阻值大小,实现了对反射振幅的调控[69]。此外,伊朗科技大学的 M. K. Amirhosseini 提出,通过在金属地板的上层加载槽结构,并改变槽的尺寸大小,可以动态调控反射振幅的大小[70]。此外,通过加载极化栅的方式,也可以实现反射振幅的调控[71],这通常在双反型反射阵设计中具有重要的应用。

综上所述,通过加载功率放大器、阻抗变换单元、频率选择表面、红外

LED电阻器件和槽结构等外源结构和外源器件,可以实现反射振幅和反射相位的同时调控。但是,目前的所有方案,都需要加载较为复杂的外源结构和器件,增加了加工难度和加工成本。因此,目前仍然需要寻求一种新型的电磁表面调控方案,以在不需要任何外源加载器件的前提下,实现单元反射振幅和反射相位的同时调控。

1.3.1.3　具有独立辐射波束的双极化反射阵列天线综述

1.3.1.1节和1.3.1.2节介绍的反射阵天线设计案例主要涉及电磁表面对反射相位和反射振幅的调控,所设计的天线只产生单个辐射波束,而不具备独立的多波束辐射能力。然而,在广播卫星通信、军用卫星通信和高速多通道无线通信等系统中,多波束天线具有非常广泛的应用需求[72-74]。

为了增加多个波束区域之间的隔离度,在多波束天线设计中,研究人员通常希望不同波束具有不同的极化或频率特性。例如,通信卫星区域覆盖设计通常采用 Four-color 设计方案[75-76],通过利用两个频率和两个正交极化,使任意两个相邻区域位于不同频率或(和)不同极化的辐射波束中,从而减小不同区域之间的信号互扰。最初的 Four-color 设计方案使用 4 个反射面天线负责发射,4 个反射面天线负责接收,整个系统需要 8 个单馈源单波束(SFB)的反射面天线,导致系统非常庞大、复杂。在该场景下,如果采用具有独立辐射波束的双极化天线,那么系统的天线使用数量将会减少一半。因此,设计实现具有独立辐射波束的双极化反射阵天线,具有现实的应用需求。

根据极化特性的不同,双极化反射阵天线可以分为双线极化反射阵天线(x-polarization 和 y-polarization)和双圆极化反射阵天线(LHCP 和 RHCP)两种类型。

双线极化反射阵天线可以通过独立调控两正交方向的单元结构来实现。早在 1995 年,中国台湾中山科学研究院的 Dau-Chyrh Chang 等就提出了在贴片单元上加载延迟线的方法[77],通过控制两正交方向的延迟线的长度,可以分别实现两个线极化反射波的相位调控。2006 年,Jose A. Encinar 提出了基于三层贴片结构的双线极化相位独立调控方案,通过独立控制 x 方向和 y 方向的贴片尺寸,实现了 x 极化和 y 极化反射波的独立相位控制[78]。后来,Jose A. Encinar 等又提出了两正交的平行偶极子单元,可以实现双线极化相位的独立调控[79]。由此可见,无论采用延迟线调相法还是变尺寸调相法,都可以较容易地实现两线极化反射波的独立相位调控,从而实现独立可控的双线极化辐射波束。

圆极化天线在空间通信中具有更加广泛的应用。然而,双圆极化反射阵列天线的设计面临着较大的挑战。因为采用传统的相位调控方式,LHCP 波和 RHCP 波的反射相位耦合在一起,难以实现相位的独立调控,因而无法实现独立的辐射波束控制。近年来,学者们提出了不同的双圆极化反射阵天线的设计方案,大致可以分为两类。

第一类,通过加载 LP-CP 的极化转换器实现双圆极化反射阵天线。2015 年,加拿大蒙特利尔综合理工大学的 Marc-André Joyal 等提出,使用 LP-CP 极化转换器、单线极化反射阵和抛物面天线的组合,可以实现两个圆极化波束的独立调控[80]。其设计原理是,先采用极化转换器,将入射的 LHCP 电磁波和 RHCP 电磁波分别转化为水平极化和垂直极化两个线极化波,然后入射到所设计的反射阵天线表面。该反射阵天线对垂直极化波是透明的,可直接穿过反射阵天线投射到后面的反射面天线上,再反射回来穿过反射阵天线和极化转换器,形成 RHCP 辐射波束。而水平极化波在反射阵面上反射并附加所设计的相位分布,最终以 LHCP 波的形式辐射出去。经过这一系列复杂的过程,最终实现了独立可控的双圆极化辐射波束。2017 年,多伦多大学的 Sean V. Hum 研究团队提出了较简化的设计方案[81]。利用双线极化反射阵天线可以独立控制水平极化波和垂直极化波的相位,以间接的方式实现了对两个圆极化辐射波束的独立控制。2019 年,Sean V. Hum 研究团队进行了样机实验,验证了所提出概念的有效性[82]。

第二类,通过加载极化选择表面(CPSS)实现双圆极化反射阵天线[83]。2015 年,法国布列塔尼欧洲联合大学 Simon Mener 等最早提出了该设计方案。极化选择表面位于反射阵面的上层,它可以对入射的右旋圆极化波产生所需的延迟相位,而对入射的左旋圆极化波可以全部透射并且没有相位延迟作用。左旋圆极化波的相位由下层的反射阵面来控制。通过此种方式,对两个正交圆极化波的相位进行独立调控得以实现。

综上所述,目前所提出的双圆极化反射阵设计方案,虽然已经实现了独立调控两个圆极化辐射波束,但是结构较为复杂,成本较高。因此,目前仍然需要一种新型的双圆极化相位调控方案,基于较为简单的单元结构,实现具有独立波束的双圆极化反射阵天线。

1.3.2　微波透射阵列天线文献综述

1.3.1 节介绍了针对反射阵天线的相关文献。然而,反射阵天线还存在一个固有劣势,即难以避免的馈源遮挡问题。而透射阵列天线不仅保留了反射阵天线的优势,而且其辐射波束与馈源位于透射阵面的两侧,解决了馈源遮挡问题。因此,透射阵列天线引发了广泛的研究热潮。

然而,在实际的设计和应用中,透射阵列天线却面临着比反射阵列天线更多的挑战。例如,工作效率的问题。反射阵列天线由于具有反射地板,入射能量可以有效反射,因此通常可以保持接近1的反射效率,设计时只需要考虑反射相位即可。而透射阵列天线由于需要使电磁波透过并调相,因此不仅需要考虑单元的相位响应,还需要同时考虑单元的振幅响应。

为了保证透射阵列具有充足的相位调控范围,并且具有高的透射振幅,传统的透射阵列天线通常设计为多层结构。最常见的是多层级联式 FSS 结构,由多层级联的金属层和间隔其中的空气层或介质层组成。2013 年,Ahmed H. Abdelrahman 等提出了经典的透射相位限制理论,从理论上分析了结构层数与相位调控范围的关系[84]。文章指出,多层 FSS 式透射阵需要使用 4 层金属结构才能实现 1 dB 损耗下的 360°相位调控范围;如果使用 3 层或 2 层结构金属结构,相位调控范围在理论上则只有 308°和 170°。例如,文献[85]和文献[86]的设计实例分别使用七层和四层单元结构实现了 360°的相位调控范围;文献[87]~文献[89]的设计实例使用三层矩形贴片的透射阵天线单元,实际只实现了 300°的相位调控范围。

为了简化透射阵列天线的结构,近年来学者们提出了多种双层透射阵设计方案。例如,2010 年,英国贝尔法斯特女王大学的 Matthias Euler 等使用嵌套式开口圆环单元,采用双层结构实现了 180°相位变化范围,但是透射损耗达到了 2.3 dB[90]。后来,土耳其中东科技大学的 Emre Erdil 等使用相似的嵌套式开口圆环单元将相位范围扩展到了 360°,但是透射损耗仍然有 2.2~3.0 dB[91]。2013 年,西安电子科技大学的 Yang Chen 等提出使用双层双开口圆环单元,实现了 190°相位调控范围和 1.9 dB 的透射损耗[92]。2016 年,Lv-Wei Chen 等提出了双层 FSS 透射单元,该单元实现了 330°的相位调控范围,但是透射损耗高达 4.6 dB[93]。后来,空军工程大学的 Kaiyue Liu 等提出了双层各向异性透射单元,实现了 360°的相位调控范围,但是透射损耗依然高于 1.1 dB[94]。2016 年,清华大学的安文星等学者提出了打通孔的 Malta 双层透射阵单元[95],通过通孔结构的耦合作用,该单元实现了 308°的相位范围,同时透射振幅为-1.8 dB,但是该方案的缺点是需要使用金属化垂直通孔来连接上下表面结构,因此增大了加工复杂度和加工成本。

　　综上所述,目前的双层透射阵设计方案,均面临着相位调控范围不足或(和)透射损耗过高的问题。因此,设计一款双层的透射阵天线,实现具有360°的相位调控范围和透射损耗小于 1 dB 的设计目标,仍然充满挑战。

1.3.3　光学超表面文献综述

　　本节介绍高频段,即光波段的电磁表面研究现状。在光波频段,电磁表面的重要应用是实现光学超透镜。光学超透镜可通过对入射光产生相位突变来实现对光线的汇聚,其焦距大小仅取决于阵面上的相位分布,因而可以突破传统光学透镜中曲率半径和材料折射率对焦距大小的限制。因此,超透镜有望获得比传统光学透镜更高的数值孔径,即更高的聚焦分辨率。当前,研究者们提出了不同的超透镜设计方案,大致可以分为金属型和介质型两类。

　　第一类是金属型超透镜(plasmonic metalens)。在光学频段,金属型超表面单元可与微波中常见的电磁表面单元一样,通过控制单元的尺寸、形状和旋转方向等参数来控制光波的相移大小,从而形成所需要的相位变化梯度。自从 1998 年 T. W. Ebbesen 等发现了金属孔阵列可以形成超常光传输[96],金属型超表面就成为广泛的理论和实验研究的课题。2005 年,北伊利诺伊大学的 Leilei Yin 等提出,由金属孔阵列激发的表面等离子体激元(SPP)形成了面内的聚焦(近场聚焦)[97]。同样在 2005 年,加州大学伯克利分校的 Zhaowei Liu 等使用环形和椭圆形金属结构实现了近场的聚焦[98]。此外,在 2007 年,英国南安普顿大学的 Fu Min Huang 等,设计了以一个金属的纳米孔阵列,实现光波在远场的聚焦[99]。需要注意的是,前文所述的金属型超表面设计[97-99]均采用振幅调控的方式实现光波的聚焦。

　　大多数超透镜通常是采用相位调控的方式实现的。首先是透射式的超透镜。2004 年,美国匹兹堡大学的 Zhijun Sun 等通过理论仿真的方法提出,通过调节金属缝隙的长度(光波的传播路径长度)可以实现对光波相位的调控,从而实现对光波传播方向的调控[105]。由于调节金属缝隙的长度加工较为困难,中国科学院光电研究所的 Haofei Shi 等经过进一步研究,于2005 年提出了调节金属狭缝宽度的方法,他们通过仿真发现,狭缝越窄,所产生的相移越大[100]。后来,斯坦福大学的 Lieven Verslegers 等实验证明了采用变化金属狭缝宽度调控相位,可以实现光波的聚焦功能[101]。但是,金属狭缝的相位调控范围较窄,只有大约 0.2π 的相移范围。因此,将相位覆盖扩展到 2π 是实现波前完全控制的重要步骤之一。2011 年,哈佛大学

Cappasso 团队的 Nanfang Yu 等提出了 V-dipole 单元,通过交叉极化和镜像单元的应用,实现了 360°相位调控范围[43]。后来,该团队利用 V-dipole 单元实现了近红外波段的无相差的超透镜[102]。此外,普渡大学 Vladimir M Shalaev 团队提出 V-slot 单元,实现了 676 nm 波长的聚焦。由于使用单层的金属结构的透射效率较低,后来有学者提出,通过增加金属结构层数可以提升透射效率[106]。此外,使用 Pancharatnam-Berry(PB)相位法可以方便地实现 2π 的相移范围。在微波频段中,PB 相位法又称为单元旋转法,两者在原理上是一样的。2012 年,伯明翰大学的 Xianzhong Chen 等设计了棒状的金属旋转单元,实验证明了可见光波段的双极性超透镜,即当入射光分别为 LHCP 和 RHCP 时,超透镜可分别具有凸透镜和凹透镜的性质[103]。

　　另外,还可以设计实现反射型的超透镜,反射型的超透镜通常由金属地板-介质层-金属单元三层结构组成。2013 年,哈佛大学的 Cappasso 团队提出了经典的反射型超透镜单元,为长方体金属单元[18],通过改变长方体的几何尺寸实现反射相位的调控,从而在近红外波段实现了波束聚焦。2016 年,该团队还提出了圆盘形反射式超透镜单元,实现了中红外波段的平面反射式超透镜,并取得了接近衍射极限的聚焦光斑效果[104]。

　　除了金属型的超透镜外,第一类非常重要的类型是介质型超透镜(dielectric metalens)。介质型超透镜的主要优势是透射效率较高,同时,为了提升超透镜的聚焦性能,需要设计实现大数值孔径的超透镜。2016 年,哈佛大学的 Capasso 团队成功研制出了基于 TiO_2 材料的可见光波段的平面聚焦透镜,获得了与传统透镜聚焦性能相当的光学超透镜[107]。但是,该透镜的数值孔径只有 0.8,分辨率有限。为了进一步提升超透镜的数值孔径,2018 年,中山大学的 Zhi-Bin Fan 等提出了基于氮化硅(SiN)材料的平面超透镜设计[108]。该透镜由一系列 695 nm 高的氮化硅纳米柱组成,数值孔径为 0.98,可以实现 0.58λ 的聚焦光斑。同年,中山大学的 Haowen Liang 等提出了基于晶体硅(c-Si)材料的平面超透镜设计[109]。该透镜由一系列 500 nm 高的硅纳米柱组成,数值孔径为 0.98,可以实现 0.52λ 的聚焦光斑。由此,介质材料实现的超透镜已达到了接近 1 的数值孔径。

　　然而,由于介质型超透镜的单元结构通常较厚(数百纳米),深宽比很高,因此不管采用 Top-down 还是 Bottom-up 工艺技术,都将面临很大的挑战。而使用金属材料实现低深宽比的高数值孔径超透镜,具有剖面低、加工简单、成本低等优势,但是目前相关研究较少。因此,需要对金属型高数值孔径超透镜开展进一步的研究。

1.4　本书研究的主要内容及章节安排

1.4.1　主要研究内容框架

本书以电磁表面为研究对象,根据电磁表面工作模式的不同,将电磁表面分为反射式和透射式两种类型;根据极化特性不同,将电磁表面分为主极化和变极化两种类型;根据工作频段的不同,分为低频的微波频段和高频的光学频段。因此,本研究的研究框架分别由工作模式、极化特性和工作频段 3 个坐标轴构成,如图 1.5 所示。

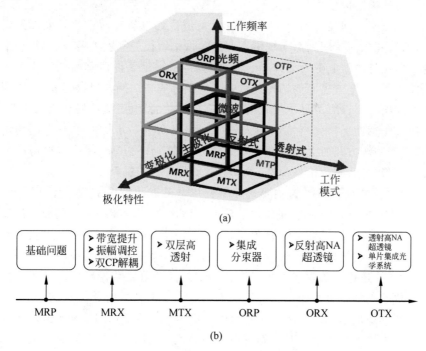

图 1.5　三维研究框架与研究问题演进

(a) 三维研究框架;(b) 研究问题演进

从基础的微波反射式主极化电磁表面(MRP)出发,沿极化特性坐标轴发展,成为微波反射式变极化电磁表面(MRX)。极化转换技术的引入,为解决传统主极化调控方式中面临的科学难题,如带宽问题、振幅调控问题、双圆极化相位解耦合等,提供了新的解决方案。进一步地,沿工作模式坐标轴演进,发展成为微波透射式变极化电磁表面(MTX)。此时,极化转换技术引入透射式电磁表面的调控,可以解决传统透射阵天线结构层数对相位范围和透射效率的限制问题,实现双层的高效率透射阵天线。

接着,工作频率由低频往高频发展,由微波电磁表面发展至光波电磁表面。此时的基础问题是光波反射式主极化(ORP)电磁表面。利用 ORP 电磁表面对光波相位的操控,可以实现超薄可集成的光学分束器件。然后,由 ORP 电磁表面发展至光波反射式变极化电磁表面(ORX)和光波透射式变极化电磁表面(OTX)。此时,利用基于极化转换的相位调控技术,利用单层电磁表面实现了大数值孔径的超透镜,使用多层电磁表面实现了单片集成的光学望远镜系统。

从研究的问题可以看出,本书针对微波段的电磁表面主要开展理论研究,即研究如何从理论上实现带宽、效率、振幅调控等问题的突破。当前,国内外学者对微波电磁表面开展了大量的研究,满足了许多实际工程应用的需要。但是,电磁表面的调控理论并不成熟和完备。例如,目前的电磁表面调控理论主要针对的是主极化的相位调控。然而,电磁波不仅有相位特性,还有极化特性。极化特性的引入,一方面,将会进一步扩展电磁表面的功能,实现传统方式所无法实现的新的调控功能;另一方面,将会提升电磁表面的调控性能,实现诸如带宽、效率等性能的进一步提升。

在光学频段,本书的主要目标是利用电磁表面技术实现小型化、轻量化、集成化的新型光学器件和光学系统。一方面,光学电磁表面的设计思路和主要设计原理,与微波电磁表面的思路和原理是相通的,微波段实现的理论突破可以同样地指导光学电磁表面的设计。另一方面,目前的微纳加工技术水平,还难以实现光波段亚波长周期内复杂电磁结构形状的加工及多层堆叠的光学超表面加工。目前的光学电磁表面通常为单层结构,其单元形状通常是规则的几何图形,如圆形、方形等。这些规则的单元形式的工作原理较为清晰和成熟。对于光频段电磁表面,现阶段的主要研究任务是如何实现面向工程应用的高性能的光频段电磁表面,以实现光学电磁表面器件对传统光学器件的革新与替代。

1.4.2　分章节内容安排

本书分章节的内容安排如图 1-6 所示。

第 1 章对本书的研究背景、研究意义,以及电磁表面的发展历程和电磁

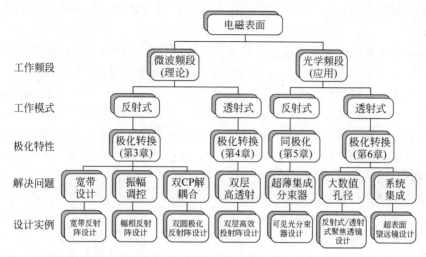

图 1.6　分章节研究内容安排

表面在国内外的研究现状进行了介绍,其中重点对反射阵列天线、透射阵列天线和光学超表面等方面进行了详细的文献综述,总结了这些研究领域取得的研究成果,以及仍然存在的不足,并给出了本书的三维研究框架,以及每章节的内容概要。

第 2 章对电磁表面的基本设计理论进行介绍,包括电磁表面单元级别分析设计和系统级别分析及设计。单元级别分析部分首先介绍了反射式单元相位调控方法,如延迟线法、变尺寸法和单元旋转法;接着,介绍了透射式单元的相位调控方法,包括多层 FSS 法、收发结构法及超材料法。电磁表面的系统级别分析,包括口面效率、辐射方向图、方向性系数及增益的计算等内容。

第 3 章针对微波频段反射式电磁表面研究领域,提出了基于极化变换方法的反射式电磁表面调控理论,并应用于实现新型的宽带反射阵、幅度相位调控反射阵和双圆极化反射阵天线设计。首先,第 3 章提出了镜像组合调控技术,在极化转换模式下,通过组合应用镜像单元和初始单元,将相位覆盖范围扩展至原来的两倍,使单元具有线性的 360° 相位调控范围,从而实现了宽带反射阵天线。其次,第 3 章提出了旋转组合调控技术,在极化转换模式下,组合应用单元旋转法和变尺寸法(或延迟线法),此时,在线极化激励下,单元可具有独立的反射振幅和反射相位响应,从而可以实现幅度相位调控反射阵天线;在圆极化激励下,单元可具有独立的左旋圆极化和右旋圆极化相位响应,从而实现了具有独立辐射波束的双圆极化反射阵列天线。

第4章针对微波频段透射式电磁表面研究领域,提出了基于极化变换方法的透射相位调控方法,并应用于实现双层高效率透射阵天线。在圆极化波的极化转换模式下,双层单元结构通过单元旋转实现了360°的相位调控,并且透射振幅始终大于−1 dB。该项工作的意义是:突破了传统主极化工作模式下,结构层数对相位范围和透射振幅的理论限制,为实现少层的高效率透射阵天线提供了理论基础。例如,基于此设计概念,我们可以使用双层单元结构实现传统的四层结构才能实现的单元性能,大大降低了透射阵天线的结构复杂度和加工成本。

第5章针对光波频段主极化电磁表面研究领域,实现了基于超表面技术的可见光波段的光学分束器,该超表面可以对同频率同极化的入射光波实现有效的波束分离。并且,该超表面分束器具有灵活的工作特性,通过改变入射光的入射角度,可以动态地调控两个反射波束的反射角度和两束光的能量分配比例。相对传统的分束器,它还具有平面、超薄,易于集成的优势,非常符合未来对光学器件的要求,有利于实现光学系统的小型化和集成化。此外,本章还对光学超表面的材料体系和微纳加工工艺进行了讨论。

第6章针对光波频段变极化电磁表面研究领域,研究实现了反射式大数值孔径超透镜、透射式大数值孔径超透镜,以及基于级联超表面的单片集成望远镜光学系统。基于电磁表面极化转换相位技术,本章分别研究实现了反射式和透射式的大数值孔径超透镜,实现了纳米级、可集成、高分辨率的光学透镜器件。基于双层级联超表面技术实现了单片集成的望远镜光学系统,将电磁表面在光学领域中的应用范围从器件层级发展至系统层级。

第7章对全书进行总结,给出本书所做工作的主要创新点和对本研究领域的贡献,并且指出电磁表面在未来具有前景的若干研究方向。

第 2 章　电磁表面分析和设计原理

2.1　本章引言

电磁表面作为一种二维人工电磁材料,可对电磁波的相位、振幅、极化等特性进行特定的调控。电磁表面因为具有调控能力灵活和结构轻薄的优势,因此在微波高增益平面天线和新型光学集成器件中展现出了广泛的应用前景。本研究主要利用电磁表面调控技术,实现微波段的高增益平面天线,如反射阵天线和透射阵天线,以及光学超表面,如光学反射式超表面和光学透射式超表面。这些不同类型的电磁表面形式,都遵循同样的设计流程,如图 2.1 所示。

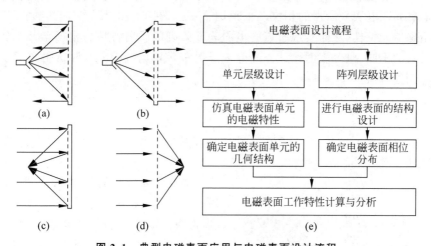

图 2.1　典型电磁表面应用与电磁表面设计流程

(a) 微波反射阵天线;(b) 微波透射阵天线;(c) 光学反射式超表面;
(d) 光学透射式超表面;(e) 电磁表面设计流程

电磁表面的设计主要有两个步骤,分别是单元设计和阵列设计。在单元设计层面,首先,设计通常采用数值计算工具对单元的电磁特性进行仿真,其中涉及单元类型、介质参数、单元间距、计算网格、单元损耗、单元相位范围、交叉极化水平、单元带宽等特性的设计与优化;然后,再确定电磁单元的几何结构,由所需要的相位分布通过相位匹配求得单元在特定位置的几何结构(尺寸大小和旋转角度等)。

在阵列设计层面,首先,我们要进行电磁表面的结构设计,包括口面大小和形状、主波束的出射方向、入射波的特性(来波方向、极化特性等);然后,需要确定电磁表面的相位分布,根据聚焦或赋形波束进行相位综合;最后,可以对所设计的电磁表面阵列进行仿真评估,包括方向图、增益、口面效率、波束宽度、旁瓣、带宽等特性。

2.2节将会介绍电磁表面单元级别的分析和设计,主要包括反射单元相位调控方法和透射单元相位调控方法;2.3节将会介绍电磁表面阵列层级的设计和分析方法。

2.2　电磁表面单元级别分析和设计

设计电磁表面的一个关键步骤是选择合适的相位调控方法,使电磁表面单元能够实现所需的相位调控范围。一旦选择了相位调控方法,就可以确定单元特性,从而实现所需的电磁表面阵列的辐射特性。根据单元工作模式的不同,电磁表面设计方法分为反射单元相位调控方法和透射单元相位调控方法。

2.2.1　反射单元相位调控方法

反射单元的相位调控方法,通常可以分为三类,分别是延迟线法、变尺寸法和单元旋转法。

本节首先介绍延迟线法。图 2.2 是典型的应用延迟线法的单元,该单元(通常为贴片单元)从馈源接收电磁波,并沿一定长度的传输线(通常是微带线)将电磁波传输成导波,传输线的终端可以是开路或短路,使电磁波从终端反射回来,重新由贴片单元辐射[77,110-111]。

图 2.2　应用延迟线法的单元模型

使用延迟线法,相移大小与传输线的长度在理论上呈两倍的关系,即

$$\varphi = 2kl \tag{2-1}$$

其中，l 为传输线的长度；k 为电磁波沿着传输线的传播常数。因此，要实现两个单元之间任意的相位差 $\delta\varphi$，通常可设置相应的传输线的长度差 δl（$\delta l = \delta\varphi/2k$）来实现。从理论上讲，使用延迟线法实现的单元相位曲线，将是一条线性的直线。然而在实际的设计过程中，存在地板的镜面反射、传输线枝节的谐振及传输线弯折处的损耗，这将会破坏理想的线性的相位曲线。

　　延迟线法调控单元相位的设计原理与经典的微带天线相似，必须选择合适的贴片尺寸，使它在入射波的频率下产生谐振。此外，传输线枝节需要与贴片单元阻抗匹配，以使电磁波以导波的形式沿着传输线枝节进行传播。这一点十分关键，假如贴片和传输线枝节之间不匹配，部分电磁波在传输到传输线上之前会被贴片单元反射回来。在这种情况下，反射波将是两个分量的叠加，反射相位将不再与传输线长度的两倍成正比。需要指出的是，考虑到单元之间互耦的影响，单元设计需要在阵列环境中进行，而不是作为独立的单元进行仿真设计。2.2.2 节的单元分析方法和设计中将会对此进行详细介绍。

　　变尺寸法通过改变单元的物理尺寸来实现相位的调控。图 2.3 是变尺寸法的单元模型。从理论上讲，改变单元的物理尺寸将会改变单元的谐振频率，这对应于在某一频率下辐射相位的变化。因此，变尺寸法的工作原理是基

图 2.3　变尺寸法的单元模型

于不同物理尺寸的单元的反射相位不同这一事实。这种独特的相位调控方法首先在文献[112]中被引入交叉偶极子单元的设计中，然后在文献[113]中被引入矩形贴片单元的设计中。变尺寸法相位调控技术虽然通常在传统上使用矩形或圆形的贴片，但实际上可以选用多种几何形状的贴片来应用变尺寸法调控反射相位[49]。

　　由于印刷微带贴片天线是一种高谐振单元，具有很大的品质因数，因此其物理尺寸的微小变化会产生较大范围的相位变化。理想情况下，单谐振可以提供全部的 360° 相位变化范围，然而实际上可实现的相位范围取决于多种因素，如贴片之间的间隔和介质基底厚度等，因此实际的相位范围通常小于 360°。使用较小的介质厚度，如小于 1/10 个波长，通常可以实现 300° 以上的相位覆盖范围，这对于大多数反射阵列设计来说是足够的。

　　需要注意的是，使用变尺寸法获得的相位曲线是高度非线性的，这主要是因为薄基片微带天线具有高 Q 谐振特性。这将导致在谐振点附近的相

位变化非常迅速,而在偏离谐振点处的相位变化缓慢。虽然相位曲线的形状通常取决于单元的具体设计方案,但它通常是一条 S 形曲线。图 2.4 展示了典型的使用变尺寸法所实现的单元的相位曲线。

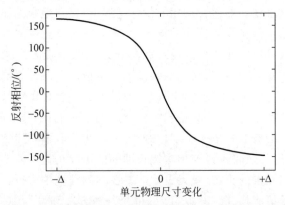

图 2.4　使用变尺寸法实现单元的典型的 S 形相位曲线

　　单元旋转法是一种非常优越的适用于圆极化的反射相位调控技术。这种相位技术基于这样一个事实:将一个圆极化天线单元绕其中心旋转 θ,将会对反射波带来 2θ 的相位变化,其中相位的提前或延迟取决于单元的旋转方向和入射波的旋向特性[114],如图 2.5 所示。单元旋转法相位调控技术首先由 NASA JPL 实验室的 John Huang 教授提出,该方法使用了带有传输线枝节的贴片单元[115]。随后,Chulmin Han 博士经过研究发现,开口圆环单元同样可以应用单元旋转法调控相位,并且单元性能优于带传输线枝节的贴片单元[116]。为了充分利用这一技术对反射相位进行调控,需要确定反射相位与单元旋转角度之间的直接关系。接下来,本章将会给出简要的数学公式推导过程,该推导过程参考了清华大学杨帆老师的学术专著[6]。

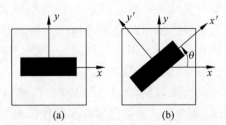

图 2.5　典型的圆极化反射单元示意模型

(a) 0°相移的参考单元;(b) 2θ 相移的旋转 θ 角度的旋转单元

　　在不失一般性的情况下，假设入射波为右旋圆极化波（RHCP），沿着 $-z$ 轴方向投射到单元上。此时，入射波可表示为

$$\boldsymbol{E}_{\mathrm{i}} = E_0 (\ \hat{x} + \mathrm{j}\hat{y}) \mathrm{e}^{\mathrm{j}k_0 z} \mathrm{e}^{\mathrm{j}\omega t} \tag{2-2}$$

反射波的表达式可以表示为

$$\boldsymbol{E}_{\mathrm{r}} = E_0 (\ \hat{x} \mathrm{e}^{\mathrm{j}\varphi_x} + \mathrm{j}\ \hat{y} \mathrm{e}^{\mathrm{j}\varphi_y}) \mathrm{e}^{-\mathrm{j}k_0 z} \mathrm{e}^{\mathrm{j}\omega t} \tag{2-3}$$

　　式（2-2）和式（2-3）的推导过程假设没有单元损耗和极化损失。假设单元沿着 x 方向和 y 方向存在 $180°$ 的相位差，即

$$\varphi_x - \varphi_y = 180° \tag{2-4}$$

那么反射波的表达式（2-3）可以重新写为

$$\boldsymbol{E}_{\mathrm{r}} = E_0 (\ \hat{x} - \mathrm{j}\ \hat{y}) \mathrm{e}^{\mathrm{j}\varphi_x} \mathrm{e}^{-\mathrm{j}k_0 z} \mathrm{e}^{\mathrm{j}\omega t} \tag{2-5}$$

　　接着，考虑将单元逆时针旋转 θ 后的情形，如图 2.5 所示。为了方便表示，可选用 $x'\text{-}y'$ 坐标系，$x'\text{-}y'$ 坐标系由原来的 $x\text{-}y$ 坐标系旋转而来。此时，入射波和反射波可以表示为

$$\boldsymbol{E}_{\mathrm{i}} = E_0 (\hat{x'} + \mathrm{j}\ \hat{y'}) \mathrm{e}^{\mathrm{j}\theta} \mathrm{e}^{\mathrm{j}k_0 z} \mathrm{e}^{\mathrm{j}\omega t} \tag{2-6}$$

$$\boldsymbol{E}_{\mathrm{r}} = E_0 (\ \hat{x'} \mathrm{e}^{\mathrm{j}\varphi_{x'}} + \mathrm{j}\hat{y'} \mathrm{e}^{\mathrm{j}\varphi_{x'}}) \mathrm{e}^{\mathrm{j}\theta} \mathrm{e}^{-\mathrm{j}k_0 z} \mathrm{e}^{\mathrm{j}\omega t} \tag{2-7}$$

　　假设单元沿着两正交方向仍存在 $180°$ 的相位差，即 $\varphi_{x'} - \varphi_{y'} = 180°$，那么反射波的表达式可以写为

$$\boldsymbol{E}_{\mathrm{r}} = E_0 (\hat{x'} - \mathrm{j}\ \hat{y'}) \mathrm{e}^{\mathrm{j}\varphi_{x'}} \mathrm{e}^{\mathrm{j}\theta} \mathrm{e}^{-\mathrm{j}k_0 z} \mathrm{e}^{\mathrm{j}\omega t} \tag{2-8}$$

　　为了便于比较，将反射波的表达式重新在 $x\text{-}y$ 坐标系中表示，并且假设 $\varphi_{x'} = \varphi_x$，此时，旋转后单元的反射波表达式为

$$\boldsymbol{E}_{\mathrm{r}} = E_0 (\hat{x} - \mathrm{j}\ \hat{y}) \mathrm{e}^{\mathrm{j}2\theta} \mathrm{e}^{\mathrm{j}\varphi_x} \mathrm{e}^{-\mathrm{j}k_0 z} \mathrm{e}^{\mathrm{j}\omega t} \tag{2-9}$$

　　如果对比表达式（2-5）和式（2-9）就可发现：旋转单元的反射相位比初始单元的反射相位领先 2θ，同时两者的反射振幅保持不变。因此，如果将单元的旋转方向从 $0°$ 变化至 $180°$，那么就可以实现 $360°$ 的透射相位调控范围。从上述推导过程可以看出，使用单元旋转法调控反射相位，单元需要满足两个重要的条件：

　　（1）两个正交分量的反射相位需要具有 $180°$ 的相位差，以实现极化转换；

　　（2）两个正交分量的反射振幅需要接近或等于 1，以实现高的反射效率。

　　单元旋转法是一种非常优异的圆极化相位调控技术，可以获得线性的

360°的相位调控范围。在后续的研究中可以发现,单元旋转法不仅适用于反射式单元的相位调控,而且可以推广至透射单元的相位调控。

2.2.2　透射单元相位调控技术

透射式电磁表面具有广泛的应用场景,因此需要更加深入地研究透射单元的相位调控技术。目前透射单元的设计方法有多种,传统上可以分为三类:多层频率选择表面单元(M-FSS),收发型单元和超材料传输单元。

透射式电磁表面阵列旨在通过单元相位分布的设计实现透射波前的操纵,包括将天线馈源的球面相位波前转换为平面相位波前,或将平面相位波前转换为偏折的平面相位或球面相位波前[7,84-86,118-119]。其核心还是通过改变透射单元的相位来实现相位调控。然而,相位调控不能通过简单地采用单层结构实现[84],单层结构无法满足360°的相位覆盖范围。

多层频率选择表面单元的层与层之间通过空气间隔或介质材料隔开,这可以增加单元的相位调控范围。1982年,R. Milne提出了七层结构的偶极子传输单元,实现了360°的透射相位范围[85]。文献[86]提出了使用双方环的四层单元结构,实现了360°的相位范围,并且提升了透射单元的带宽。文献[7]使用耶路撒冷交叉十字单元,设计了三层相同结构的透射单元,但是只能覆盖335°的相位范围,并且传输损耗达到了4.4 dB。此外,还有其他单元形式用来形成透射式电磁表面,最常用的是使用带通型频率选择表面来实现透射阵列[118-119]。

文献[84]揭示了M-FSS结构的传输相位极限,并且作为一个普适的规律,它对于任意的FSS几何结构都可通用。通过理论推导得出,多层FSS式透射单元需要使用四层金属结构才能保证实现−1 dB损耗内的360°相位调控范围;如果使用三层、两层或单层金属结构,相位调控范围在理论上则只有308°、170°和54°。此外,如果使用−3 dB的透射振幅标准,则使用三层结构可以实现360°的相位调控范围。

收发型单元结构通常由接收贴片、发射贴片和实现收发贴片之间耦合或连接的传输线组成。接收贴片接收来自馈源照射的电磁波,收发贴片之间耦合结构或传输线,被用来实现从接收贴片到发射贴片之间的特定相位和幅度响应,最后发射贴片将电磁波辐射到自由空间中。目前,研究者们提出了各种各样的收发型透射单元结构[120-129]。

此外,超材料传输单元是另外一种调控传输相位的方法,该方法是使用超材料结构改变等效介电常数和磁导率来实现的[117,130-132]。例如,2009

年,东南大学的崔铁军课题组提出了互补 I-形超材料单元,实现了宽带的低损耗龙伯透镜[117]。2010 年,S. Kamada 等设计了一种采用介质谐振器的负折射率透镜天线,并实现了宽波束扫描角的辐射方向图[130]。2012 年,研究者提出了一种由介质柱阵列构成的新型毫米波梯度折射率超材料,实现了宽带、低反射和对入射波极化不敏感的电磁特性[131]。2012 年,Li Meng 提出了一种具有低剖面的、具有超宽带特性的真时延微波透镜设计方法[132],该透镜由一系列真时延单元组成,每个单元都是采用超材料技术设计的非谐振式单元,从而实现了透射阵天线的宽带特性。

2.3　电磁表面系统级别分析和设计

2.3.1　口面效率计算

口面效率在诸如反射阵天线、透射阵天线等口面天线中,是一个重要的指标参数,它代表了实际的天线增益与理想的最大方向性系数之间的差异。本节参考清华大学杨帆老师于 2018 年出版的关于反射阵天线的专著[6],给出计算口面天线口面效率的理论公式。对于物理口径为 A,工作波长为 λ 的口面天线,它可实现的最大方向性系数如式(2-10)所示:

$$D_{\max} = 4\pi \frac{A}{\lambda^2} \tag{2-10}$$

口面天线的增益,可以由式(2-11)计算:

$$G = 4\pi \frac{A}{\lambda^2} \eta_{\text{aperture}} \tag{2-11}$$

其中,η_{aperture} 表示天线的口面效率。天线的口面效率受多种因素影响,其中最主要的是照射效率(η_i)和溢出效率(η_s)。总口面效率与照射效率和溢出效率之间的关系为

$$\eta_{\text{aperture}} = \eta_s \eta_i \tag{2-12}$$

其中,溢出效率 η_s 指天线口面所截获的来自馈源的辐射功率占馈源总辐射功率的比例,其数学表达式为

$$\eta_s = \frac{\iint\limits_{A} \boldsymbol{P}(\boldsymbol{r}_f)\mathrm{d}s}{\iint\limits_{\text{Sphere}} \boldsymbol{P}(\boldsymbol{r}_f)\mathrm{d}s} \tag{2-13}$$

式(2-13)中的分母部分表示馈源的总辐射功率,为其积分馈源辐射功

率的玻印亭矢量在包围馈源的虚拟球面上的面积分；分子部分表示天线口面所截获的来自馈源的辐射功率，为馈源辐射功率的玻印亭矢量在天线口面上的面积分。

简单起见，可以使用 $\cos^q$ 模型来描述馈源天线的辐射方向图。因此，馈源辐射功率的玻印亭矢量可以表示为

$$\boldsymbol{P}(\boldsymbol{r}_{\mathrm{f}}) = \hat{r}_{\mathrm{f}} \frac{\cos^{2q}(\theta_{\mathrm{f}})}{r_{\mathrm{f}}^2}, \quad 0 \leqslant \theta \leqslant \frac{\pi}{2} \tag{2-14}$$

那么，式(2-13)中的分母部分可以通过式(2-15)简化计算：

$$\iint\limits_{\mathrm{Sphere}} \boldsymbol{P}(\boldsymbol{r}_{\mathrm{f}})\mathrm{d}s = \int_0^{2\pi}\int_0^{\pi/2} \cos^{2q}(\theta_{\mathrm{f}})\sin\theta_{\mathrm{f}}\mathrm{d}\theta_{\mathrm{f}}\mathrm{d}\varphi_{\mathrm{f}} = \frac{2\pi}{2q+1} \tag{2-15}$$

式(2-13)中的分子部分，可根据馈源的位置、天线口面的形状进行积分计算得到。最终，可以计算得到溢出效率(η_{s})的数值。

照射效率的定义式，如式(2-16)所示：

$$\eta_{\mathrm{i}} = \frac{1}{A_{\mathrm{a}}} \frac{\left|\iint\limits_{A} I(A')\mathrm{d}A'\right|^2}{\iint\limits_{A} |I(A')|^2\mathrm{d}A'} \tag{2-16}$$

其中，I 表示天线口面上的照射电场振幅分布；A 表示天线口面；A_{a} 表示天线口面的面积。为了简化分析，这里假定馈源是纯净的单一极化，天线口面上照射电场的幅度与馈源(发射)和天线口面上每个阵元(接收)的辐射方向图有关。

对于反射阵天线或透射阵天线的每个单元，都可以使用 $\cos^q$ 因子来描述单元的辐射方向图。为了区分馈源的方向图和单元的方向图，使用 q_{e} 来对单元方向图进行建模。单元方向图的模型为

$$U^E(\theta_{\mathrm{p}}, \varphi_{\mathrm{p}}) = \begin{cases} \cos^{2q_{\mathrm{e}}}(\theta_{\mathrm{p}}), & 0 \leqslant \theta_{\mathrm{p}} \leqslant \pi/2 \\ 0, & \pi/2 < \theta_{\mathrm{p}} \leqslant \pi \end{cases} \tag{2-17}$$

其中，θ_{p} 表示阵面上任意一点到馈源的偏转角度；q_{e} 作为单元方向图因子，通常设置为1，相当于方向性系数为 7.78 dB，与经典的微带贴片的方向性相一致。

天线口面上任意一点的归一化电场振幅，可以表示为

$$I(A) = \frac{\cos^q(\theta_{\mathrm{f}})}{r_{\mathrm{f}}}\cos^{q_{\mathrm{e}}}(\theta_{\mathrm{p}}) \tag{2-18}$$

其中，θ_f 表示阵面上任意一点在馈源坐标系中的偏转角度数值；θ_p 表示阵面上任意一点在单元坐标系中观察馈源的偏转角度数值。从表达式(2-18)可以看出，归一化电场振幅是两项相乘的形式，其中，第一项表示阵面上电场振幅受到馈源辐射方向图和距离的影响，电场振幅与单元到馈源的距离 r_f 成反比例关系；第二项表示阵面上电场振幅受到单元辐射方向图的影响。由于在计算时已经考虑了单元的方向图，因此口面上二次辐射的能量要小于口面上接收的来自馈源的能量。

2.3.2　方向图与增益计算

本节介绍根据阵列法求解阵列天线的辐射方向图。根据传统的阵列天线理论，对于 $M \times N$ 的平面二维阵列，其方向图计算公式为

$$E(\hat{u}) = \sum_{m=1}^{M} \sum_{n=1}^{N} A_{mn}(\hat{u}) \cdot I(r_{mn}) \tag{2-19}$$

其中，$\hat{u} = \hat{x}\sin\theta\cos\varphi + \hat{y}\sin\theta\sin\varphi + \hat{z}\cos\theta$；$A_{mn}$ 是单元方向图矢量函数；I 是单元的激励矢量函数；r_{mn} 是单元的矢量位置。

下面以反射阵天线为例，推导方向图的计算方法[6]。为简化计算，分析中使用标量函数，将单元方向图标量函数 A_{mn} 假定为因子为 q_e 的余弦函数模型，并且 A_{mn} 的值与方位角无关，即

$$A_{mn}(\theta, \varphi) \approx \cos^{q_e}\theta \cdot e^{jk(r_{mn}\hat{u})} \tag{2-20}$$

标量的单元激励函数 I_{mn} 取决于入射场和单元的特性。将馈源喇叭天线的辐射方向图使用 cos 函数模型来近似，并且考虑馈源喇叭和单元之间的欧几里得距离，可以得到天线口面上的照射场。由此，标量单元激励函数可以表示为

$$I(m,n) \approx \frac{\cos^{q_f}\theta_f(m,n)}{|r_{mn} - r_f|} e^{-jk(|r_{mn} - r_f|)} |\Gamma_{mn}| e^{j\varphi_{mn}} \tag{2-21}$$

其中，θ_f 是馈源坐标系统中的球面角；r_f 是馈源的位置矢量；$\dfrac{\cos^{q_f}\theta_f(m,n)}{|r_{mn} - r_f|}$ 是由馈源照射得到的激励振幅；$e^{-jk(|r_{mn} - r_f|)}$ 是馈源照射得到的激励相位；$|\Gamma_{mn}|$ 为单元的辐射振幅；$e^{j\varphi_{mn}}$ 表示单元的辐射相位。

此外，对于每个单元，考虑其接收模型，此时单元的辐射振幅为

$$|\Gamma_{mn}| = \cos^{q_e}\theta_e(m,n) \tag{2-22}$$

需要注意的是，$|\Gamma_{mn}|$ 这个定义是针对接收/发送模型的，在实际的

分析设计过程中,单元的辐射振幅和相位可直接从仿真软件获得。

通过这些近似分析,可以得到简化的标量形式的辐射方向图:

$$E(\theta,\varphi) = \sum_{m=1}^{M} \sum_{n=1}^{N} \cos^{q_e}(\theta) \frac{\cos^{q_f}\theta_f(m,n)}{|\boldsymbol{r}_{mn}-\boldsymbol{r}_f|} \mathrm{e}^{-\mathrm{j}k(|\boldsymbol{r}_{mn}-\boldsymbol{r}_f|-\boldsymbol{r}_{mn}\hat{u})} \cos^{q_e}\theta_e(m,n)\mathrm{e}^{\mathrm{j}\varphi_{mn}}$$

$$(2\text{-}23)$$

以上方向图计算方法,使用了传统的阵列求和技术。通常,使用阵列理论公式可以获得比较精确的主波束宽度、波束辐射方向和一般的辐射方向图形状。但是由于在简化的 cos 模型中不考虑馈源和单元的极化特性,因此该方法无法用于计算交叉极化。

使用以上方法,获得了阵列天线的辐射方向图以后,可以通过理论公式计算得到该阵列天线的方向性系数:

$$D_0 = \frac{4\pi|\ E(\theta_m,\varphi_m)\ |^2}{\displaystyle\int_{\varphi=0}^{\varphi=2\pi}\int_{\theta=0}^{\theta=\frac{\pi}{2}}|\ E(\theta,\varphi)\ |^2 \sin\theta\mathrm{d}\theta\mathrm{d}\varphi} \tag{2-24}$$

其中,θ_m 和 φ_m 是天线的主辐射方向。由于使用式(2-24)得到的方向性系数,已考虑了馈源照射效率、单元相位误差及单元损耗,因此再乘以式(2-13)所示的溢出效率,即可得到天线的增益:

$$G = \eta_s D_0 \tag{2-25}$$

2.4　本章小结

本章主要讨论了电磁表面的设计和分析原理,从单元层级和阵列层级简述了电磁表面阵列的分析和设计方法。在单元层级方面,本章给出了常用的三种反射式电磁表面相位调控技术,包括延迟线法、变尺寸法和单元旋转法,以及三种常见的透射式电磁表面相位调控技术,包括多层频率选择表面单元(M-FSS)、收发型单元和超材料传输单元。此外,还给出了阵列层面的口径效率、阵列辐射方向图、方向性系数及增益的理论计算方法。这些理论分析和计算方法,为后续的反射阵天线、透射阵天线及光学超表面的分析和设计奠定了理论基础。

第 3 章　微波频段反射式电磁表面极化转换调控技术研究

3.1　本章引言

反射阵列天线是电磁表面技术在微波高增益天线中的典型应用。反射阵列天线集成了反射面天线和微带阵列的优势,具有剖面低、质量轻、成本低和辐射波束灵活等优点。但是在实际应用中,反射阵列天线仍然存在着工作带宽较窄、振幅调控复杂,以及难以实现双圆极化的独立波束调控等科学难题。为此,本章提出了基于极化转换的新型调控方式,为解决以上问题提供了新的思路。

图 3.1 对现有的反射阵天线单元调控技术进行了分类,依据是单元沿两正交方向的相位差。本章对于常见的三种相位调控方法,如延迟线法、变尺寸法和单元旋转法,分为相位差任意、0°、90°和 180°四种类型进行研究。

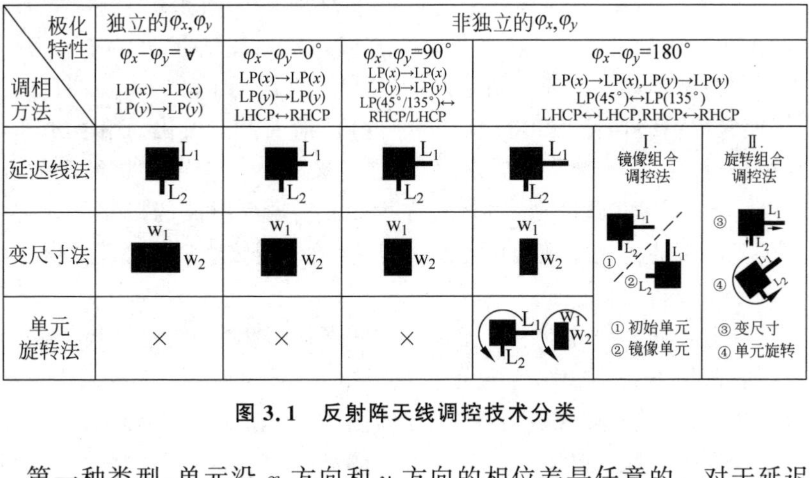

极化特性 ＼ 调相方法	独立的 φ_x,φ_y	非独立的 φ_x,φ_y		
	$\varphi_x-\varphi_y=\forall$ LP(x)→LP(x) LP(y)→LP(y)	$\varphi_x-\varphi_y=0°$ LP(x)→LP(x) LP(y)→LP(y) LHCP→RHCP	$\varphi_x-\varphi_y=90°$ LP(x)→LP(x) LP(y)→LP(y) LP(45°/135°)↔ RHCP/LHCP	$\varphi_x-\varphi_y=180°$ LP(x)→LP(x),LP(y)→LP(y) LP(45°)↔LP(135°) LHCP↔LHCP,RHCP↔RHCP
延迟线法	L_1 L_2	L_1 L_2	L_1 L_2	L_1 L_2 Ⅰ. 镜像组合调控法　Ⅱ. 旋转组合调控法
变尺寸法	w_1 w_2	w_1 w_2	w_1 w_2	w_1 w_2 ① L_1 L_1 ② L_2　③ L_1 L_2 ④
单元旋转法	×	×	×	L_1 L_2　w_1 w_2 ①初始单元　③变尺寸 ②镜像单元　④单元旋转

图 3.1　反射阵天线调控技术分类

第一种类型,单元沿 x 方向和 y 方向的相位差是任意的。对于延迟线法,通过控制 x 方向和 y 方向的延迟线的长度,可以分别控制两个极化方向的相位;对于变尺寸法,通过控制两正交方向的单元尺寸的大小,可以实现两个极化方向的独立相位控制。对于单元旋转法,由于需要两正交分量的相位差为 $180°$,因而在任意相位差的情况下,单元无法利用单元旋转法进行工作。因此对于第一种类型,单元只适用于线极化,并且两线极化波可以产生独立的波束辐射方向。

第二种类型,单元沿着两正交方向具有相同的反射相位,即反射相位的相位差为 $0°$。此时,单元沿着两正交方向的性质没有差异,单元在 x 方向与 y 方向的尺寸同步变化,是双极化单元。延迟线法和变尺寸法均可以实现该种类型的单元。当入射波为线极化时,反射波与入射波的极化相同。当入射波为圆极化时,反射波与入射波的极化正交。原因是圆极化波的极化特性与波的传播方向有关,反射后电磁波的传播方向发生反转。当入射波激励为 LHCP 时,反射波为 RHCP,反之亦然。

第三种类型,单元沿着两正交方向的反射相位的相位差为 $90°$。此处,两正交方向分别指 $45°$ 方向和 $135°$ 方向。同样,延迟线法和变尺寸法均可以实现该种类型的单元,通过精确设计单元沿着 $45°$ 方向和 $135°$ 方向的尺寸差异,可以使它们始终保持 $90°$ 的相位差。此时,当入射波极化为沿着 $45°$ 方向和 $135°$ 方向的线极化时,反射波为 RHCP 或 LHCP。这种类型的单元将线极化的相位与圆极化的相位联系起来,通过控制线极化的相位实现圆极化相位的控制。

第四种类型,单元沿着两正交方向的反射相位的相位差为 $180°$。此处,两正交方向分别指 $45°$ 方向和 $135°$ 方向。延迟线法和变尺寸法均可以实现该种类型的单元。通过精确设计单元沿着 $45°$ 方向和 $135°$ 方向的尺寸差异,使它们始终保持 $180°$ 的相位差。此时,当入射波极化为沿着 $45°$ 方向的线极化时,反射波沿着 $135°$ 方向,反之亦然。单元旋转法是经典的利用 $180°$ 相位差的方法,通过 $180°$ 相位差的引入,实现反射波的极化转换,从而通过单元旋转的方式实现相位控制。但是,单元旋转法只能适用于圆极化,无法调控线极化的相位。

从以上四种类型的反射单元调控方式可以看出,传统的调控方法通常是单一的调控方式,采用变尺寸的方法或单元旋转的方法,而未采用多种方式联合的调控方法,这在一定程度上限制了电磁表面的调控能力。

本章提出了两种基于极化变换方法的组合调控技术,并用于实现新型的宽带反射阵、幅度-相位调控反射阵和双圆极化反射阵天线设计。

（1）镜像组合调控技术。在极化转换模式下，通过组合应用镜像单元和初始单元，将相位覆盖范围扩展至两倍，使单元具有了线性的 360°相位调控范围，从而提升了反射阵天线的带宽。

（2）旋转组合调控技术。在极化转换模式下，组合应用单元旋转法和变尺寸法（或延迟线法）。此时，使用线极化激励，单元可具有独立的反射振幅和反射相位响应，从而实现幅度-相位同时调控的反射阵天线；使用圆极化激励，单元对 LHCP 波和 RHCP 波具有独立的反射相位响应，从而实现具有独立辐射波束的双圆极化反射阵天线。

因此，基于极化转换原理，本书发展了新型的反射式电磁表面调控理论，解决了传统主极化调控方法所无法解决的问题。图 3.2 展示了本章的研究脉络。本章最开始只关注单一的主瓣特性，以实现宽带为目标；接着，同时关注单波束的主瓣和旁瓣的特性，实现幅度相位同时控制的反射阵；最后，关注多波束的独立可调能力，实现具有独立波束的双圆极化反射阵列天线。

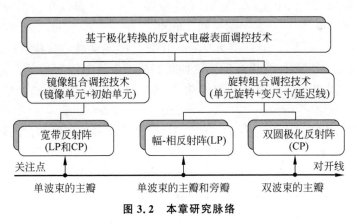

图 3.2 本章研究脉络

3.2 宽带反射阵列天线研究

3.2.1 本节引言

反射阵列天线的带宽受单元带宽和空间相位延迟差异两方面因素影响。对于大型或超大型尺寸的反射阵列天线，空间相位延迟差异是影响反射阵列天线带宽的主要因素。而对于中等尺寸的反射阵列天线来说，单元带宽是阵列带宽的主要限制因素。因此,设计理想的宽带反射单元对实现中等尺寸的宽带反射阵尤为重要。理想的宽带单元具有以下特征:单元的相位曲线为一条线性变化的直线,并且相位曲线在较宽频段范围内互相平行。

传统上,调控反射相位的方法主要有三种,分别是延迟线法、变尺寸法和单元旋转法。使用延迟线法调控反射相位,在理想情况下可以获得线性的相位变化曲线,但是实际上枝节谐振及损耗将会破坏单元的相位响应。使用单元旋转法,可以获得理想的线性360°相位调控范围,但是该方法仅适用于圆极化激励,在线极化激励时单元无法工作。使用变尺寸法调控反射相位时,由于单元存在谐振,在谐振点处相位变化陡峭,相位曲线呈S形,因此会导致单元带宽变窄。

为了进一步增加单元的工作带宽,学者们提出了不同的设计方法,1.3.1.1节已经对此进行了详细介绍。第一类是单层结构实现宽带的方法,包括多谐振单元法[49-51]、亚波长单元法[52-57]和单元组合法[58],这些方法虽然增加了单元带宽,但是设计较为复杂。第二类是使用多层结构增加单元带宽的方法,包括多层堆叠贴片单元[44-45]、多层口径耦合单元[46,48]和真时延单元[47]等,但是该类方案需采用复杂的多层单元结构,加工复杂,成本较高。因此,目前仍然需要一种新型的宽带反射阵相位调控方案,使得基于单层单元结构即可实现线性的360°相位覆盖,实现宽带的反射阵单元。

为此,本节的设计目标是:提出一种新型的反射阵天线相位调控方案,基于单层结构实现线性的360°相位调控。为此,本节在综合研究了现有的反射阵相位调控方案的基础上,提出了基于极化变换方法的新型相位调控方式,即镜像组合相位调控方法;在极化转换工作模式下,通过组合应用镜像单元和初始单元,使单元的相位调控范围拓宽了一倍,并有效降低了单元相位曲线的斜率,从而实现了宽带的反射阵天线设计。

3.2.2　宽带反射单元的设计原理

假设入射波为 y 极化,并且单元沿着对角方向对称,如图3.3(a)所示。入射波和反射波的表达式可以写为

$$\boldsymbol{E}_{\mathrm{i}} = \hat{y} = \frac{\sqrt{2}}{2}(\hat{x'} + \hat{y'}) \tag{3-1}$$

$$E_r = \frac{\sqrt{2}}{2}(r_{x'}\mathrm{e}^{\mathrm{j}\varphi_{x'}}\hat{x'} + r_{y'}\mathrm{e}^{\mathrm{j}\varphi_{y'}}\hat{y'}) \tag{3-2}$$

其中，$r_{x'}$ 和 $r_{y'}$ 表示沿着 x' 轴和 y' 轴方向的反射振幅；$\varphi_{x'}$ 和 $\varphi_{y'}$ 表示沿着 x' 轴和 y' 轴方向的反射相位。假设单元没有反射损耗和极化损失，反射振幅可近似等于 1。

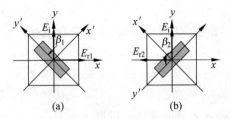

图 3.3　基于极化转换的镜像组合相位调控原理

（a）初始单元；（b）镜像单元

如果沿着两正交方向的反射相位相差 180°，反射波的表达式可以写为

$$E_r = \frac{\sqrt{2}}{2}\mathrm{e}^{\mathrm{j}\varphi_{x'}}(\hat{x'} - \hat{y'}) = \mathrm{e}^{\mathrm{j}\varphi_{x'}}\hat{x} \tag{3-3}$$

从反射波的表达式(3-3)可以看出，反射波的极化变为 x 极化方向。也就是说，由于两正交方向存在 180°相位差，因此入射波经过反射可以转化为交叉极化的反射波。

假设入射波为圆极化，首先考虑 LHCP 的情形（入射波的传播方向沿着 $-z$ 轴方向）。此时，入射波和反射波的表达式可以表示为

$$E_i = \frac{\sqrt{2}}{2}(\hat{x} + \mathrm{e}^{-\mathrm{j}\pi/2}\hat{y}) \tag{3-4}$$

$$E_r = \frac{\sqrt{2}}{2}\mathrm{e}^{\mathrm{j}\varphi_{x'}}(\mathrm{e}^{-\mathrm{j}\pi/2}\hat{x} + \hat{y}) \tag{3-5}$$

从式(3-5)可以看出，圆极化激励时，反射波的极化与入射波的极化相同。

经过同样的推导过程可以得出，当入射波为 x 极化时，反射波将变为 y 极化；当入射波为 RHCP 时，反射波也为 RHCP。也就是说，当入射波为线极化时，反射波将转化为交叉极化方向，当入射波为圆极化时，反射波与入射波的极化相同。

从式(3-3)和式(3-5)还可以看出，无论是线极化入射还是圆极化入射，反射波的整体相位都等于某一线极化分量的反射相位($\varphi_{x'}$)。改变 $\varphi_{x'}$ 的

数值可以改变整体的反射相位值。而对 $\varphi_{x'}$ 的控制，可以通过延迟线法或变尺寸法来实现。使用一般的矩形贴片单元作为示意模型可以解释相位调控原理。如图 3.3(a) 所示，入射波为线极化，沿着 y 轴方向。矩形贴片单元的旋转角度为 $45°$，沿着 x' 轴和 y' 轴方向存在 $180°$ 相位差。通过改变矩形贴片的尺寸，可以改变沿 x' 轴方向的反射相位 $\varphi_{x'}$，从而改变反射的 x 极化电磁波的相位。

相对传统的主极化相位调控方式，基于极化变换方法的相位调控方式，可以利用镜像单元来拓宽单元的相位覆盖范围。因此，可将此方法称为镜像组合相位调控方法。图 3.3(b) 展示了使用镜像单元增加单元相位范围的原理。镜像单元的旋转角度设置为 $135°$，与初始单元关于 y 轴对称。在图 3.3(b) 中，y 极化入射波的表达式可以表示为

$$\boldsymbol{E}_{\mathrm{i}} = \hat{y} = \frac{\sqrt{2}}{2}(\hat{x'} - \hat{y'}) \tag{3-6}$$

反射波的表达式为

$$\boldsymbol{E}_{\mathrm{r}} = \frac{\sqrt{2}}{2}\mathrm{e}^{\mathrm{j}\varphi_{x'}}(\hat{x'} + \hat{y'}) = \mathrm{e}^{\mathrm{j}\varphi_{x'}+\pi}\hat{x} \tag{3-7}$$

通过对比式(3-7)和式(3-3)可以得出，镜像单元与初始单元具有 $180°$ 的反射相位差。若初始单元通过尺寸变化可实现 $0°\sim180°$ 的相位覆盖，那么镜像单元就可覆盖 $180°\sim360°$ 的相位范围。初始单元和镜像单元的组合，可以实现全部的 $360°$ 相位覆盖。

使用基于极化变换方法的镜像组合相位调控方法，会有两方面的优势。一方面，单元的相位调控范围会扩展至两倍，从而可以更加容易地实现 $360°$ 的相位覆盖。通过单元结构尺寸变化可以较容易地实现 $180°$ 的相位调控范围，再利用镜像单元覆盖另外 $180°$ 的相位范围。另一方面，由于通过单元尺寸变化只需要提供 $180°$ 的相位变化范围，所以可以避开相位变化迅速的单元谐振区，只利用相位变化平缓的非谐振区，这样有利于增加单元的工作带宽。

通过以上理论分析，我们可以提出一种新型的反射阵列相位调控方式，即基于极化转换的镜像组合相位调控法。镜像单元与初始单元的组合应用，不仅可以实现充足的相位变化范围的要求，而且能够增加相位变化曲线的平滑性，降低曲线斜率，从而增加单元的工作带宽。从理论分析过程可以得到，应用镜像组合相位调控法，需要满足以下单元条件：

（1）单元沿两正交方向的反射相位差为 $180°$，以实现极化转化；

（2）单元沿两正交方向的反射振幅需要接近 1，以实现高效率。

3.2.3　单元及阵列的设计与仿真

3.2.3.1　单元设计与仿真

本节将通过设计实际的反射阵单元，满足应用镜像组合相位调控法所需的单元条件。具体的单元形式可以选用多种，但为了更好地匹配所需的单元条件，本节设计了开口圆环单元，结构如图 3.4 所示。单元的工作频率设计在 20 GHz，单元周期为 7.5 mm（半波长）。单元的旋转角度用 β 表示，用 $\beta = 45°$ 和 $\beta = 135°$ 两种情形分别表示初始单元和镜像单元。所设计的开口圆环单元印刷在单层介质板上。介质板选用 Arlon Di 880 材料（$\varepsilon_r = 2.2, \tan\delta = 0.0009$）。单元最下层为金属地板。在介质层和金属地板之间，插入一层 3 mm 厚的空气层，可以提升单元带宽。

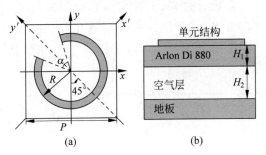

图 3.4　单元结构设计

(a) 单元结构俯视图；(b) 单元结构剖面图

单元的工作原理如下：由于单元结构为开口圆环单元，沿着 x' 轴方向的电长度与沿着 y' 轴方向的电长度不同，因此沿着这两个正交方向的反射相位也不同。通过设计合理的单元几何尺寸，可以使单元沿着两个正交方向的反射相位差等于 $180°$，从而可以应用基于极化转换的镜像组合相位调控法。单元仿真与优化，使用 CST MWS 的 Frequency Domain Solver。仿真环境设置为周期性边界条件和平面波激励，以模拟平面波激励下无限大的周期性阵列环境。表 3.1 是经过单元仿真优化后的几何参数数值结果。

表 3.1　单元结构几何参数数值

几何参数	P	R	t	H_1	H_2
数值/mm	7.5	3.2	0.8	0.25	3.3

　　首先,本节数值仿真了单元沿两个正交方向(x'极化方向和 y'极化方向)的反射振幅和反射相位响应,其结果如图 3.5 所示。仿真时,入射波的极化分别沿着 x'轴方向和 y'轴方向,反射波的极化与入射波的极化相同。图 3.5 中的横坐标表示单元开口的角度大小,纵坐标分别表示反射相位和反射振幅。可以看出,随着开口圆环单元的开口角度逐渐增大,两个正交分量的反射振幅始终在 0 dB 附近,表面所设计的单元具有较高的反射效率,损耗较小。随着开口角度逐渐增大,x'极化和 y'极化分量的反射相位分别逐渐增大,而且两者之间的相位差始终保持在 180°附近。需要指出的是,如果同时优化单元的多个几何参数,如开口大小、圆环的半径、圆环的宽度等参数,可以使两正交分量的相位差恰好等于 180°。本书为了说明设计概念并简化设计过程,只改变单元的开口角度(α)这一个参数。从仿真结果还可以看出,x'极化分量和 y'极化分量的反射相位曲线较为线性,根据理论公式可以预测,单元整体的反射相位曲线也将为一条直线。

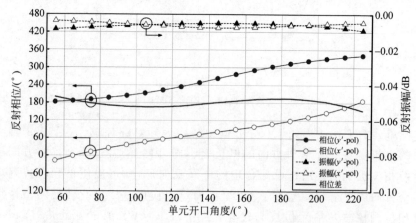

图 3.5　单元在 x'极化和 y'极化方向的反射振幅和反射相位响应
垂直入射,20 GHz

　　图 3.6 展示了单元的交叉极化反射波的振幅和相位响应。仿真时,入射波设置为 y 极化,沿$-z$ 轴方向垂直入射到单元上,反射波为 x 极化,工

作频率为 20 GHz。图 3.6 包含了初始单元($\beta = 45°$)和镜像单元($\beta = 135°$)两种类型单元的仿真结果：对于初始单元,当单元的开口大小由 55°变化到 225°时,交叉极化波的反射相位由 −8° 增加到 172°,覆盖 180°的相位范围(如黑色实线所示);对于镜像单元,其反射相位始终与初始单元保持 180°的相位差,因此覆盖了另外的 180°相位范围(如黑色虚线所示)。因此,通过组合应用镜像单元和初始单元,本研究获得了 360°的相位覆盖范围,并且相位曲线为一条线性的直线,表面具有较好的宽带特性。从反射振幅曲线结果可以看出,所设计单元具有较高的极化转换效率。在较宽的单元尺寸变化范围内,反射振幅始终大于 −0.1 dB。即使在曲线两端损耗较大的区域,反射振幅依然大于 −0.3 dB。此外,通过对比图 3.5 和图 3.6 的结果可以得出:两个正交分量的相位差越接近 180°,单元的交叉极化反射波的振幅将越接近 0 dB。

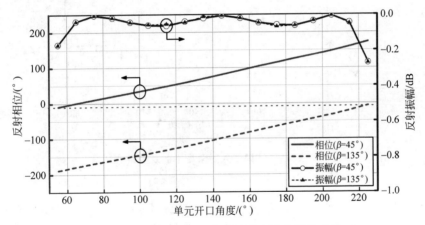

图 3.6　单元的交叉极化反射波的振幅和相位响应
垂直入射,20 GHz

接下来,本节对单元的斜入射特性进行数值仿真。图 3.7 展示了不同入射角度下,单元反射相位和反射振幅变化曲线。当入射角度从 0°逐渐增加到 30°时,相位误差逐渐增大。特别地,当单元开口角度为 165°时,30°斜入射角的反射相位与垂直入射的反射相位达到了最大相位误差 37°。对于反射阵列天线来说,该水平的相位误差量是可以接受的。对于振幅响应,当斜入射角度小于 20°时,反射振幅保持大于 −0.2 dB。即使斜入射角度增加至 30°,单元的反射振幅依然大于 −0.55 dB。因此,所设计的开口圆环单元具有稳定的斜入射特性。需要指出的是,仿真结果中只展示了初始单元

（$\beta=45°$）的斜入射仿真结果。对于镜像单元，与初始单元具有相同的斜入
射特性，此处为了简便未做结果展示。

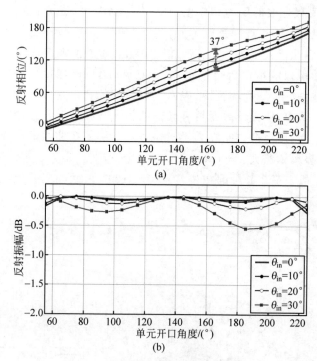

图 3.7   不同斜入射角度下的反射系数

(a) 反射相位；(b) 反射振幅

　　为分析单元的带宽特性，本书仿真了所设计单元在 17～23 GHz 频段
范围内的反射相位和反射振幅。图 3.8 是单元在不同频点的反射振幅曲
线，可以看出，绝大部分区域的反射振幅大于 −0.3 dB，表明该单元在宽频
段范围内保持了较高的反射效率。

　　图 3.9(a) 是所设计的开口圆环单元在不同频率的反射相位曲线。可
以看出，在每个工作频点处，单元的相位曲线均是一条线性的直线。并且，
不同频点的相位曲线互相平行，相位差为恒定的常数。因此，所设计的单元
具有理想的宽带单元所具有的单元特性。作为对比，本书同时仿真了具有
同样单元结构的同极化的双方环单元。如图 3.9(b) 所示，该单元的相位曲
线是典型的 S 形曲线，其相位曲线比变极化的开口圆环单元的相位曲线的
线性度差。

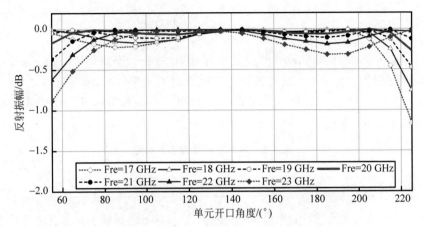

图 3.8　单元在 17～23 GHz 频段内的反射振幅

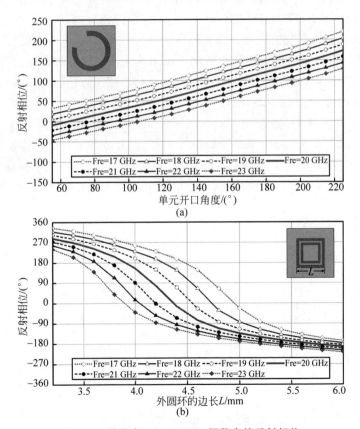

图 3.9　单元在 17～23 GHz 频段内的反射相位

（a）变极化的开口圆环单元；（b）同极化的双方环单元

3.2.3.2　阵列设计与仿真

接下来,本书将所设计的单元组成阵列,并进行全波仿真,阵列仿真模型参数如表 3.2 所示。仿真的反射阵列天线为圆形口径,直径为 300 mm,单元周期为 7.5 mm,整个阵列共包含 1264 个开口圆环单元。仿真阵列采用垂直入射,斜出射,以减小馈源遮挡损耗。

表 3.2　阵列仿真模型参数设置

工作频率	口面直径	馈源极化	入射角度	出射角度
20 GHz	300 mm	LP/CP	0°	15°

对所设计的反射阵列模型,本书使用 CST MWS 的时域仿真求解器进行全波仿真。进行仿真的服务器具有 2 个 Intel Xeon CPU 处理器(8 核,3.2 GHz),4 个 Nvidia Tesla K80 GPU 处理器,以及 512 GB 的 ECC 内存,使用 GPU 加速的方法,可以大大提升阵列的仿真效率。

图 3.10 是仿真的在线极化激励下反射阵天线的辐射方向图,其中入射波为 x 极化,反射波的主极化为 y 极化。从仿真辐射方向图可以看出,所设计的反射阵天线产生了较理想的笔形辐射波束,其最大辐射方向指向所设计的 15° 方向。其中,旁瓣电平为 -23.2 dB,交叉极化水平为 -31.6 dB。图 3.11 是圆极化激励下天线的辐射方向图,入射波和反射波均为左旋圆极化。可以看出,该天线在圆极化激励下具有与线极化激励下几乎一致的辐射方向图,验证了所提出的设计概念可同时适用于线极化和圆极化工作模式。

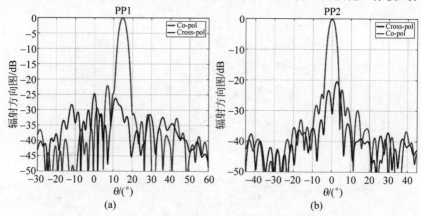

图 3.10　线极化激励下反射阵天线辐射方向图(见文前彩图)

(a) PP1 平面;(b) PP2 平面

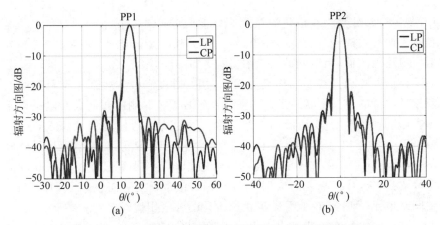

图 3.11　圆极化激励下反射阵天线辐射方向图（见文前彩图）

(a) PP1 平面；(b) PP2 平面

3.2.4　实验验证

为了实验验证所提出的基于极化转换的镜像组合相位调控概念，本书实验加工了反射阵天线样机，以进行实验测试。

图 3.12 是加工的反射阵列天线样机实物图。该反射阵天线由馈源和反射阵面两部分组成。反射阵面为圆形口径，直径为 390 mm；馈源高度为 360 mm，以提供 −10 dB 的边缘照射电平和实现最大的口面效率。馈源选

图 3.12　加工的反射阵列天线样机（见文前彩图）

(a) 样机实物；(b) 样机中的电磁表面阵列

用两种类型,分别为线极化波纹喇叭馈源(16~25 GHz,$q_f = 10$)和双圆极化喇叭馈源(18~22 GHz,$q_f = 9.0$)。为了减小馈源遮挡,馈源以 15°斜入射照射反射阵面,天线的波束出射方向为 0°。

该反射阵列天线的结构较为简单,加工难度和成本较低。反射阵面上所设计的电磁单元形状,可采用标准的 PCB 工艺印刷制作而成。电磁单元图案印刷在单层介质基板的上层表面,介质基板的材料为 Arlon Di 880($\varepsilon_r = 2.2$, $\tan\delta = 0.0009$),为了增加反射阵单元的带宽,在反射地板与介质层之间,设计了一层 3 mm 厚度的空气层。该空气层通过使用 3 mm 的尼龙柱支撑来构成。单元的周期为 7.5 mm,整个反射阵面包含了 2128 个开口圆环单元,每一个单元可以提供所设计的补偿相位。

天线样机的实验测试在清华大学罗姆楼 B1 近场微波暗室完成。测试过程采用近场测试方案,获得二维平面上每个测试点处的幅度和相位信息,然后使用快速傅里叶变换计算得出天线在远场的辐射特性。

图 3.13 是采用线极化馈源激励时的反射阵天线辐射方向图。测试时,

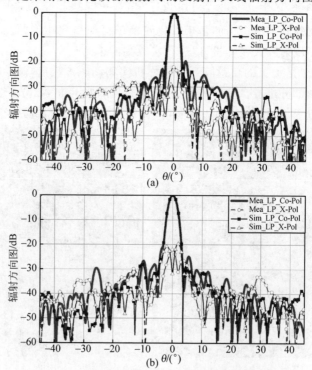

图 3.13　实测的线极化激励下的天线辐射方向图

(a) xOz-平面；(b) yOz-平面

工作频率为 20 GHz,激励馈源的极化为 y 极化,因此反射波束的主极化为 x 极化。从测试的辐射方向图可以看出,该天线样机形成了高增益的笔形波束。在 xOz-平面和 yOz-平面的半功率波束宽度分别为 $2.7°$ 和 $2.5°$。实测的交叉极化水平为 -22.0 dB,在两个主平面内的旁瓣电平水平为 -22.4 dB 和 -19.6 dB。将实测结果与 CST 全波仿真结果相对比,可以发现,测试结果与数值仿真结果相吻合。

　　图 3.14 是采用圆极化馈源激励时的反射阵天线辐射方向图。测试时,工作频率为 20 GHz,激励馈源的极化为右旋圆极化,因此反射波束的主极化也为右旋圆极化。在圆极化馈源激励下,该反射阵天线也形成了高增益的笔形波束。在两个主平面内的波束宽度分别为 $2.7°$ 和 $2.5°$。实测的圆极化交叉极化水平为 -27.4 dB,在两个主平面内的旁瓣电平为 -27.1 dB 和 -22.5 dB。通过对比可以发现,该反射阵天线在圆极化激励和线极化激励下具有相似的辐射方向图。

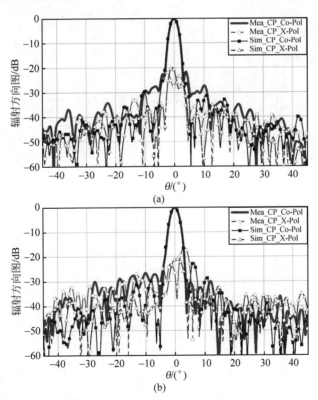

图 3.14　实测的圆极化激励下的天线辐射方向图(见文前彩图)

　　图 3.15 是实验测试的反射阵列天线增益随频率的变化曲线,包含了线极化馈源激励和圆极化馈源激励的结果。在线极化馈源激励下,反射阵列的最大增益出现在 20.6 GHz 处,增益值为 36.0 dBi;在设计中心频点 20 GHz 处,实测增益值为 35.6 dBi。在圆极化馈源激励下,反射阵列的最大增益同样出现在 20.6 GHz 处,增益值为 35.6 dBic;在设计中心频点 20 GHz 处,实测增益值为 35.4 dBic。该反射阵天线展现了较宽的工作频带,在线极化馈源激励下,实测的 1 dB 增益带宽达到了 18.5%(19.0~22.7 GHz)。使用圆极化馈源激励下,天线的工作带宽较窄,实测的 1 dB 增益带宽为 12.5%(19.3~21.8 GHz)。其主要原因是,圆极化馈源的工作带宽(18~22 GHz)要比线极化的工作带宽(16~25 GHz)窄,影响了整个反射阵列的工作带宽。通过 CST 全波仿真的结果可以看出,理论上,反射阵天线在线极化和圆极化激励下具有相同的工作性能。

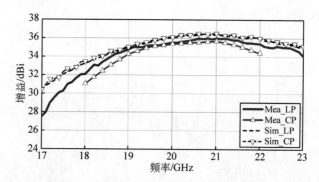

图 3.15　实验测试的反射阵列天线增益曲线

　　图 3.16 是实验测试的反射阵列天线口面效率,并与全波仿真结果进行了对比。根据实验测试结果,20 GHz 时线极化馈源激励和圆极化馈源激

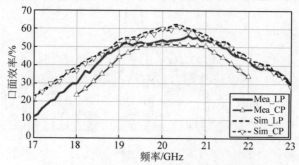

图 3.16　实验测试的反射阵列天线口面效率

励的口面效率分别为 54.4% 和 52.0%,且在较宽的频段内,天线的口面效率可以保持在 40% 以上。

　　表 3.3 汇总了所加工的反射阵列天线实测的辐射特性结果。结果表明,该反射阵列天线可同时工作于线极化与圆极化模式,并在增益、旁瓣电平、交叉极化、口面效率与增益带宽等方面,获得了预期的实验结果。

表 3.3　反射阵列天线辐射特性总结

馈源极化	频率/GHz	增益/dBi	旁瓣电平/dB	交叉极化/dB	口面效率/%	增益带宽/%
LP	20	35.6	−19.6	−22.0	54.4	18.5
CP	20	35.4	−22.5	−27.4	52.0	12.5

3.2.5　本节小结

　　本节提出了一种基于极化转换的镜像组合相位调控方法,并应用于实现宽带反射阵列天线设计,基于此概念,设计了一种开口圆环单元,工作于极化转换模式;通过组合应用镜像单元和初始单元两种单元形式,扩展了相位覆盖范围并降低了相位曲线斜率,使单元具有了线性的 360° 相位覆盖范围,从而具有了宽带特性;通过实验加工反射阵天线样机进行测试,天线展现出较好的宽带工作特性,验证了所提出的镜像组合相位调控方法。该项工作完善了现有的反射阵列天线相位调控理论,并对设计实现新型的宽带反射阵列天线具有指导意义。

3.3　幅度相位调控反射阵列天线研究

3.3.1　本节引言

　　3.2 节设计的宽带的反射阵天线,只关注辐射波束的主瓣特性,以提升辐射主瓣的增益带宽为目标。然而,在实际的应用场景中,我们不仅需要关注波束的主瓣特性,同时还需要关注波束的旁瓣特性,此时,要求电磁表面单元不仅可以调控相位,还可以同时调控振幅。根据阵列天线理论,振幅和相位的同时调控可以降低天线的旁瓣电平。旁瓣电平水平可以通过设计阵列的激励振幅分布来实现控制,如 Chebyshev 分布或 Taylor 分布等。此外,在阵列天线的波束赋形、微波成像等应用场景中,同时调控阵列单元的幅度和相位,增加了设计自由度,有利于实现更精确的赋形波束或成像性能。

近年来,研究者们相继提出了不同的幅度相位调控反射阵列天线的设计方案,以实现同时调控反射振幅和反射相位。如1.3.1.2节所介绍的,这些方法包括加载功率放大器、加载阻抗传输单元、加载频率选择表面、加载电阻等方法。虽然这些加载外源器件的方法可以有效地调控反射振幅和相位,但是其结构复杂,加工难度和成本较高。因此,目前仍然需要一种新型的反射单元调控方案,以同时控制单元的反射振幅和反射相位,并且不需要任何的外源加载器件。

为此,本节提出一种基于极化变换方法的旋转组合调控方案,以实现反射幅度和反射相位的联合调控。单元工作于交叉极化模式,通过单元旋转实现反射振幅控制,通过单元尺寸变化实现相位控制。具体的设计原理如下所述。

3.3.2　幅度相位调控原理

3.2节介绍了一种基于极化变换方法的新型反射单元调控方法。然而,该方法只能调控反射相位,无法调控反射振幅。其工作原理如图 3.17(a)所示,单元的旋转方向为对角方向($\beta_1 = 45°$或 $\beta_1 = 135°$),入射的 y 极化波可全部转化为 x 极化反射波(满足两正交分量存在 180°相位差的条件)。事实上,如果单元未旋转($\beta_1 = 0°$或 $\beta_1 = 180°$),由于单元结构对称,将不会发生极化转换,因此反射的交叉极化波的振幅将为 0。也就是说,如果改变单元的旋转方向,反射的交叉极化波将具有不同的振幅大小。因此,通过改变单元的旋转方向来调控反射的交叉极化波的振幅,在理论上是可行的。

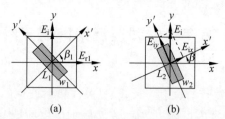

图 3.17　基于极化转换的幅度-相位调控原理

(a) $\beta_1 = 45°$; (b) $0° \leqslant \beta \leqslant 45°$

本节在接下来将去掉原来的旋转角度为 45°(或 135°)的限制条件,理论分析交叉极化分量的反射振幅和反射相位结果。如图 3.17(b)所示,单元的旋转方向为 β,$0° \leqslant \beta \leqslant 45°$。单元为对称结构,对称轴沿着 x' 轴方向和 y' 轴方向。假设入射波为 y 极化,沿着 x' 轴和 y' 轴方向可以正交分解为两个分量：

$$\boldsymbol{E}_{\mathrm{i}} = \hat{y} = \sin\beta \hat{x'} + \cos\beta \hat{y'} \tag{3-8}$$

假设单元满足极化转化的条件，即单元沿两正交方向的反射相位差为 180°，反射振幅相等且近似等于 1。那么，反射波可以表示为

$$\boldsymbol{E}_{\mathrm{r}} = \mathrm{e}^{\mathrm{j}\varphi_{x'}} (\sin\beta \hat{x'} - \cos\beta \hat{y'}) \tag{3-9}$$

其中，$\varphi_{x'}$ 表示沿着 x' 轴方向的反射相位；β 表示单元的旋转方向。

为了方便对比，反射波的表达式需要在原来的 x-y 坐标系中进行表示。x-y 坐标系和 x'-y' 坐标系的变换关系为

$$\begin{cases} \hat{x'} = \hat{x}\cos\beta + \hat{y}\sin\beta \\ \hat{y'} = -\hat{x}\sin\beta + \hat{y}\cos\beta \end{cases} \tag{3-10}$$

因此，在 x-y 坐标系中，反射波的表达式可以写为

$$\boldsymbol{E}_{\mathrm{r}} = \mathrm{e}^{\mathrm{j}\varphi_{x'}} (\sin2\beta \hat{x} - \cos2\beta \hat{y}) \tag{3-11}$$

从反射波的表达式(3-11)可以看出，反射波由 x 极化分量和 y 极化分量两部分组成。其中，反射的 x 极化分量的振幅与单元的旋转角度之间是 $\sin2\beta$ 的关系，而反射的 y 极化分量的振幅与单元的旋转角度之间是 $\cos2\beta$ 的关系。当旋转角度在 0°～45°范围内变化时，反射的 x 极化波的振幅和 y 极化波的振幅均可以实现 0～1 的调控。特别地，当旋转角度为 0°时，反射的主极化波的振幅为 1，交叉极化波的振幅为 0；当旋转角度为 45°时，反射的主极化波的振幅为 0，交叉极化波的振幅为 1。也就是说，通过旋转单元角度的方式，无论是主极化反射波还是交叉极化反射波，其反射振幅均可以实现 0～1 的动态调控。然而，考虑到单元的相位调控范围，交叉极化波比主极化波更有优势。其中的原因如 3.2 节所述，交叉极化反射波的相位范围可以通过使用镜像单元来实现两倍的扩展，不仅可以更容易实现 360°的相位范围，还可以降低相位曲线的斜率和增加相位曲线的线性度，有利于增加单元带宽。

此外，从反射波的表达式可以看出，反射波的振幅和相位是分离的，在理论上可以实现独立的调控。由于单元处于周期性的环境中，在单元旋转的过程中，如果单元的几何尺寸未发生改变，则交叉极化波的反射相位近似保持不变。也就是说，反射的交叉极化波的相位只决定于单元几何尺寸的变化，而振幅只决定于单元的旋转方向，这也就实现了相位控制和振幅控制的分离。我们在实际设计时可以利用这一性质，分别设计单元的振幅响应

和相位响应,从而显著简化单元的设计流程。

类似地可以得出,当入射波为 x 极化时,交叉极化反射波将变为 y 极化。其反射振幅和反射相位特性与 y 极化入射时相似。简单起见,本节不再赘述。

通过以上理论分析,我们得到了一种新型的基于极化变换方法的旋转组合调控方法,通过组合应用单元旋转法和变尺寸法,可以实现反射相位和反射振幅的同时调控。从理论分析过程可以得出,该方法与 3.2 节提及的基于极化变换方法的相位调控方法具有相同的单元条件,即:

(1) 单元沿两正交方向的反射相位差为 180°,以实现极化转化;

(2) 单元沿两正交方向的反射振幅需要接近 1,以实现高效率。

3.3.3　单元设计仿真

本节通过设计实际的反射单元,以满足上文提及的单元条件,验证所提出的基于极化变换方法的旋转组合调控方法,来实现振幅和相位的同时调控。理论分析可以发现,该方法与 3.2 节提出的极化变换方法的相位调控法具有相同的单元条件。简单起见,我们可以直接使用 3.2 节中设计的开口圆环单元形式,结构尺寸大小也完全相同,如图 3.18 所示。唯一不同的是,3.2 节中设计的开口圆环单元的旋转角度为固定的对角方向($\beta=45°$ 或 $\beta=135°$),而本节所用单元需要通过单元角度旋转进行幅度调控。对于初始单元,旋转角度范围为 $0°\leqslant\beta\leqslant45°$;对于镜像单元,其旋转角度为 $135°\leqslant\beta\leqslant180°$。需要注意的是,镜像单元与初始单元是关于 x 轴对称的,而不是旋转 90°的关系。

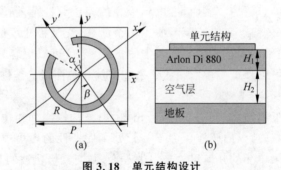

(a)　　　　　　　　　　(b)

图 3.18　单元结构设计

(a) 单元结构俯视图;(b) 单元结构剖面图

该单元的工作原理如图 3.19 所示。由于单元结构为开口圆环单元,沿

着 x' 轴方向的电长度与沿着 y' 轴方向的电长度不同,因此沿着这两个正交方向的反射相位存在差异。改变单元开口大小,可以使单元沿着两个正交方向的反射相位差恰好等于 180°,以满足极化转化的条件。在此基础上,旋转单元旋转方向,可以调控反射的交叉极化波的振幅,使反射振幅大小与单元旋转角度呈 $\sin2\beta$ 的约束关系。对于确定的单元旋转角度,通过改变单元开口大小,可以调控反射相位的大小。在理论上,反射振幅只与旋转角度有关,反射相位只与单元开口大小有关,两者是可以独立调控的。

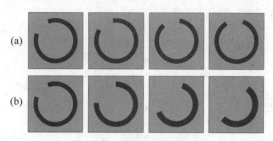

图 3.19　旋转组合调控方法
(a) 通过单元旋转调控反射振幅;
(b) 通过单元开口角度大小的改变调控反射相位

从单元的工作原理可以看出,在单元旋转角度改变和开口大小改变的过程中,需要始终满足极化转换条件,即两正交方向的反射相位差要始终等于 180°。根据图 3.4 的仿真结果可以看出,当单元旋转角度 $\beta=45°$ 时,两正交分量的相位差始终保持在 180°附近。当单元旋转角度改变时,单元周围的电磁环境发生改变,是否仍然满足 180°相位差的条件需要进行仿真验证。

图 3.20 展示了单元在不同旋转角度下,x' 极化分量和 y' 极化分量的反射相位结果。实验选择了 $\beta=6°$、$12°$、$18.5°$ 和 $26.5°$ 四种情况,对应的理论反射振幅分别为 0.2、0.4、0.6 和 0.8,如表 3.4 所示。从仿真结果可以看出,在不同的旋转角下,单元 x' 极化和 y' 极化分量的反射相位均随着开口角度增大而逐渐增大,而且两者之间的相位差始终保持在 180°附近。需要指出的是,本书为了简化设计流程,只改变单元开口角度一个参数,两正交分量的相位差会在 180°附近产生波动。如果同时优化单元的多个几何参数,如同时优化单元开口大小、圆环的半径和宽度等参数,可以使两个正交分量的相位差恰好等于 180°。

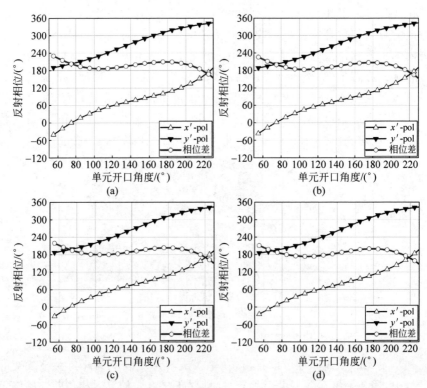

图 3.20　单元在不同旋转角度下 x' 极化分量和 y' 极化分量的反射相位和两者的相位差

(a) $\beta=6°$；(b) $\beta=12°$；(c) $\beta=18.5°$；(d) $\beta=26.5°$

表 3.4　反射的交叉极化波的振幅与旋转角度的理论关系

反射振幅	1.0	0.8	0.6	0.4	0.2
旋转角度/(°)	45.0	26.5	18.5	12.0	6.0

　　图 3.21 是当单元旋转角度 $\beta=6°$、$12°$、$18.5°$、$26.5°$ 和 $45°$ 时，仿真得到的反射振幅和反射相位结果。此时，入射波为 y 极化，反射波为 x 极化，入射方向为垂直入射。从结果可以看出，当旋转角度 β 分别等于 $6°$、$12°$、$18.5°$ 和 $26.5°$ 时，反射振幅分别在 0.2、0.4、0.6、0.8 和 1.0 附近，这与理论计算的结果相一致。对于固定的旋转角度，当开口大小改变时，反射振幅基本不变。从仿真的相位图结果可以看出，不同旋转角度的单元所产生的相位曲线基本重合，相位误差在 $10°$ 以内。对于固定的开口大小，当旋转角度改变时，反射相位基本保持不变。因此可以说，反射的交叉极化波的振幅取

决于单元的旋转方向,其相位取决于单元开口角度的大小,振幅的调控和相位的调控可以独立进行。在实际单元设计过程中,独立的相位调控和振幅调控这一性质,可以大大简化幅度相位调控单元的设计流程。

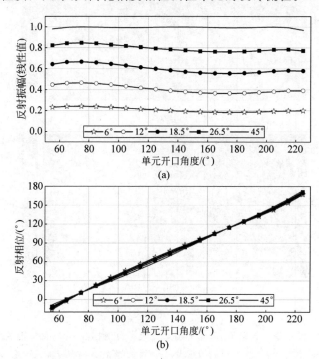

图 3.21　当单元旋转角度 *β*＝6°、12°、18.5°、26.5°和 45°时,单元反射相位和反射振幅结果
(a) 反射振幅；(b) 反射相位

　　图 3.22 是仿真的垂直入射条件下,当单元旋转角度连续变化时,单元的反射振幅和反射相位二维分布图。此时,单元的旋转角度从 0°线性变化至 45°,步进为 1°。单元开口角度从 55°线性变化至 225°,步进为 2.5°。从仿真的振幅结果可以看出,当单元旋转角度从 0°连续变化至 45°时,反射振幅可以从 0 连续变化至 1。当单元开口角度在 55°～225°范围内变化时,可产生 180°的相位调控范围。如果使用镜像单元,使单元的旋转角度在 135°～180°范围内变化时,反射振幅可保持不变,而反射相位可以覆盖剩余的 180°,从而实现完整的 360°的相位调控范围。因此,使用所设计的单元,在垂直入射条件下,可以实现反射振幅 0～1 的连续调控,反射相位具有线性的 360°的调控范围。此外,还可以看出,反射振幅仅取决于单元的旋转方向,而反射相位仅取决于单元的开口角度。

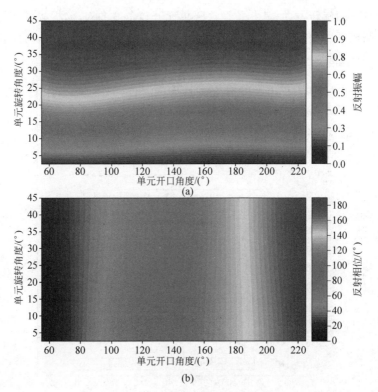

图 3.22 垂直入射下，单元的反射振幅和反射相位结果（见文前彩图）

（a）反射振幅；（b）反射相位

本书通过单元仿真，研究了所设计单元的斜入射特性。图 3.23 展示了在斜入射 30°的条件下，同时改变单元旋转角度和开口大小时，反射振幅和反射相位的变化曲线。

从仿真的反射振幅结果可以看出，对于大多数开口角度所对应的单元，其反射振幅无法实现 0～1 的连续调控。从仿真的反射相位结果可以看出，反射相位不再只决定于开口角度大小，还受到单元旋转方向的影响。因此，在斜入射 30°的条件下，该单元无法完成反射振幅 0～1 的连续调控，并且反射振幅和反射相位同时受到单元旋转角度和开口角度大小的影响，无法实现独立的振幅和相位调控。

因此，本工作设计的单开口圆环单元，其斜入射性能不佳，无法满足大斜入射角度入射情形下对单元的要求，而更适合平面波入射或较小斜入射角度的情形。后续工作中可以设计其他类型的单元，以获得更完美的振幅和相位同时调控的效果。

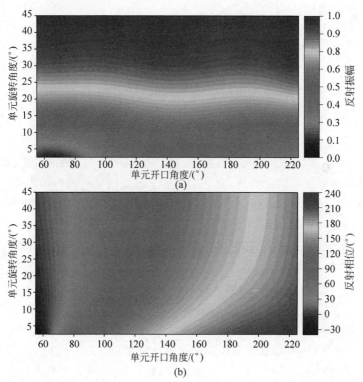

图 3.23　斜入射 30°的条件下,单元的反射振幅和反射相位结果(见文前彩图)
(a) 反射振幅;(b) 反射相位

3.3.4　本节小结

　　本节提出了一种基于极化变换方法的旋转组合调控技术,并将之应用于实现新型的幅度相位调控反射阵列天线。通过理论分析,本节证明了使用旋转组合调控技术,反射振幅取决于单元的旋转方向,反射相位取决于单元的几何结构尺寸,振幅调控和相位调控可以独立进行。基于此概念,本节设计了一种单层开口圆环单元,通过单元旋转实现了反射振幅 0~1 的连续调控,通过改变单元的开口角度实现了线性的 360°相位覆盖,并且振幅调控和相位调控在垂直激励下可独立进行。所设计的单元结构简单,为单层结构且不加任何的外源器件。本项工作可进一步丰富反射阵列天线的幅度和相位调控理论,提供一种低成本的幅度相位调控反射阵单元的设计方案,可以为以后的低旁瓣反射阵列天线、赋形波束反射阵列天线、微波成像等应用提供设计基础。

3.4　双圆极化反射阵列天线研究

3.4.1　本节引言

　　3.2节和3.3节均介绍单波束反射阵天线设计。然而,在广播卫星通信、军用卫星通信和高速多通道无线通信等系统中,多波束天线具有重要的应用[72,133]。多波束天线可以提供更加广泛和灵活的波束覆盖面积,并能提供更高的通信容量。此外,为了增加多个波束区域之间的隔离度,通常希望不同波束具有不同的极化或频率特性。例如,在通信卫星区域覆盖设计中,通常采用如图3.24(a)所示的四色方案[75,134],通过利用两个频率和两个极化,实现任意两个相邻区域位于不同频率或(和)不同极化的辐射波束中,从而增加不同小区之间的信号隔离度。最初的设计方案需要使用8个单馈源单波束(SFB)的反射面天线,其中4个反射面天线用于发射,另外4个反射面天线用于接收[134]。后来的设计为了减少天线使用数量,使用了双频反射面天线,两个频率分别用作发射和接收,使天线的数目减少至4个[135]。此外,还可以使用双极化的抛物面反射阵天线,天线可同时工作于LHCP模式和RHCP模式。通过设计LHCP和RHCP的波束分别覆盖不同的区域,同样将原有系统的天线数目减少一半[136]。

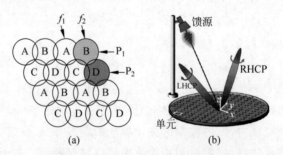

图 3.24　多波束天线的应用场景与反射阵列天线设计概念

(a) 卫星通信中使用的双频双极化四色设计方案；(b) 双圆极化反射阵列天线设计概念

　　具有独立辐射波束的双极化反射阵列天线,可以利用不同极化的波束覆盖不同的区域,在移动通信和卫星通信等领域具有应用优势。目前,双线极化反射阵列天线已有较多设计实例。采用矩形贴片单元[79,137]、延迟线单元$^{[77,138]}$、平行或交叉偶极子单元$^{[78,139]}$,以及凸带单元$^{[140]}$等,通过独立控制两个正交极化的反射相位,可以实现两个线极化反射波束的独立控制。然而,双圆极化反射阵列天线的设计面临重大挑战。如果采用传统的相位调控方式,LHCP 波和 RHCP 波的反射相位耦合在一起,难以实现独立的相位调控,从而无法实现独立的辐射波束控制。因此,目前仍然需要研究新型的相位调控方式,以实现双圆极化相位的解耦合。

　　近年来,研究者提出了许多双圆极化反射阵列天线的设计方案,大致可以分为两类。第一类,在反射阵列的基础上加载了线极化-圆极化的极化转换器$^{[80-81,83]}$。采用极化转换器,首先将入射的圆极化波转化为 x 和 y 两个线极化波,然后设计双线极化反射阵列天线分别独立调控两个线极化波的相位,最后再经过极化转换器将线极化波转化为两个正交的圆极化波。而这两个正交圆极化波的相位,取决于双线极化反射阵天线所控制的两个线极化波的相位,从而实现了两个正交圆极化独立的相位控制。第二类,是在反射阵列的基础上加载了极化选择表面(CPSS)$^{[82]}$。极化选择表面位于反射阵面的上层,它可以对入射的右旋圆极化波产生所设计的延迟相位,而对入射的左旋圆极化波可以全部透射并且没有相位延迟作用。左旋圆极化波的相位由下层的反射阵面来控制。通过此种方式,实现了对两个正交圆极化波的相位的独立调控。可以看出,目前所提出的双圆极化反射阵设计方案,结构较为复杂,成本较高,仍然需要发展一种新型的双圆极化反射阵相位调控方法。为此,本研究的设计目标是:

　　(1) 提出一种新型的双圆极化反射阵相位调控方法,对 LHCP 波和 RHCP 波具有独立的相位调控能力;

　　(2) 单元结构简单,为单层结构。

　　本书下面将会介绍所提出的基于极化变换方法的旋转组合调控技术,并将之应用于实现新型的双圆极化反射阵单元设计,可对入射的 LHCP 波和 RHCP 波产生独立的反射相位,并且单元为简单的单层结构。

3.4.2　独立双圆极化相位调控原理

　　设计圆极化的反射阵列天线,传统上有三种相位调控方式,即延迟线法、变尺寸法和单元旋转法。根据两个正交分量(x 极化分量和 y 极化分量)的相位差,传统的相位调控方式又可以分为不同的种类,如表 3.5 所示。

表 3.5　传统的实现圆极化反射阵列天线的相位调控技术

圆极化相位调控技术	延迟线法/变尺寸法					单元旋转法	
工作模式	LP→CP		CP→CP				CP→CP
	极化转换		主极化		极化转换		极化转换
两正交分量的相位差($\varphi_x - \varphi_y$)	90°		0°		180°		180°
入射波的极化	45°-pol.	135°-pol.	LHCP	RHCP	LHCP	RHCP	LHCP	RHCP
反射波的极化	RHCP	LHCP	RHCP	LHCP	LHCP	RHCP	LHCP	RHCP
工作原理概念图							

如果采用延迟线法或变尺寸法来调控圆极化的反射相位,可以使用线极化激励或圆极化激励。当使用线极化激励时,要求入射波的极化方向需要沿着 45° 或 135° 方向,并且单元在 x 极化方向和 y 极化方向存在 90° 的相位差,那么反射波将会转化为 RHCP 或 LHCP。此时,单元在 x 极化方向和 y 极化方向的尺寸变化存在固定的约束关系,以始终满足沿正交方向存在 90° 相位差的条件。当使用圆极化激励时,根据 x 极化和 y 极化的反射相位差为 0° 或 180°,可以分为主极化工作模式和极化转换工作模式两种情形。但无论哪种情形,单元在 x 方向和 y 方向的尺寸变化必须存在固定的约束关系,因为无法实现 LHCP 波反射相位和 RHCP 波反射相位的独立调控。

对于传统的单元旋转法,入射波和反射波均为圆极化。由于 x 极化和 y 极化方向存在 180° 的相位差,因此可以使用旋转单元角度的方式来调控单元的反射相位。传统的单元旋转法调控反射相位的工作原理如图 3.25 所示。其反射相位的变化与旋转角度之间存在固定的两倍关系,其正负号取决于入射波的极化旋向:

$$\begin{cases} \varphi_{\text{LHCP}} = \varphi_0 - 2\theta \\ \varphi_{\text{RHCP}} = \varphi_0 + 2\theta \end{cases} \tag{3-12}$$

其中,φ_0 为单元的基础反射相位;2θ 为旋转反射相位。此处假设入射波的传播方向沿着 $-z$ 轴方向。

传统上认为,单元旋转法只适用于单圆极化工作。原因是,对于固定的单元旋转角度,LHCP 波和 RHCP 波的反射相位值是固定的,两者的相位差为 4θ,而非任意可调值。因此,传统的单元旋转法无法实现 LHCP 波和 RHCP 波反射相位的独立调控,也就无法实现波束独立可控的双极化辐射波束。

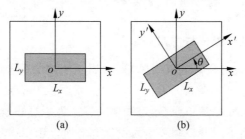

图 3.25　传统的单元旋转法调控反射相位的工作原理

（a）初始单元；（b）旋转单元

通过观察单元旋转法的相位调控公式可以发现,总的反射相位是由基础相位和旋转相位两部分组成的。基础相位 φ_0 的数值取决于单元的结构尺寸参数,而旋转相位只取决于单元的旋转方向。而且,对于反射的 LHCP 波和 RHCP 波,它们具有相同的基础相位值和相反的旋转相位值。从理论上讲,通过精确设计单元的基础相位和旋转相位的线性组合,可以实现任意的 LHCP 波和 RHCP 波的反射相位组合。总的 LHCP 波和 RHCP 波的反射相位与基础相位和旋转相位的线性组合关系为

$$\begin{cases} \varphi_0 = \dfrac{1}{2}(\varphi_{\mathrm{RHCP}} + \varphi_{\mathrm{LHCP}}) \\ 2\theta = \dfrac{1}{2}(\varphi_{\mathrm{RHCP}} - \varphi_{\mathrm{LHCP}}) \end{cases} \tag{3-13}$$

以上是一种新型的圆极化反射相位调控方法,需要同时调控单元的基础相位和旋转相位。这有别于传统的只依赖单元旋转来调控反射相位的单元旋转法。单元基础相位的调控,可利用传统的延迟线法或变尺寸法来实现。单元旋转相位的调控,可利用传统的单元旋转法。因此,本节提出的新型双圆极化反射相位调控方案,集成了传统的多种相位调控方法的优势。

在实际阵列应用中,总的 LHCP 波和 RHCP 波的反射相位需要是 $0°\sim360°$ 任意相位的组合。为满足这一要求,基础相位的相位变化范围需要为 $0°\sim360°$,旋转相位的相位变化范围需要为 $-180°\sim180°$。因此,单元需要满足以下条件:

（1）单元需要具有 $0°\sim360°$ 的基础相位调控范围;

（2）任意的基础相位所对应的单元,在两正交方向的相位差需要为180°,以满足应用单元旋转法来调控旋转相位的条件。

3.4.3　单元及阵列的设计与仿真

3.4.3.1　单元设计与仿真

本节将通过设计实际的反射阵单元,满足所需的调控基础相位和旋转相位的单元条件,以实现双圆极化相位的独立调控。单元可以选用多种形式,如常见的变尺寸贴片单元、延迟线单元等。为了更好地满足所需的单元条件,本工作提出了双开口圆环单元设计。之所以选用双开口圆环,是为了利用多谐振特性增加基础相位的调控范围,如果采用单开口圆环单元,其基础相位的调控范围大概为 180°,难以满足设计需求。

如图 3.26 所示,所设计的单元的工作频率为 20 GHz,单元周期为7.5 mm(半波长)。单层双开口圆环单元印刷在单层介质板的上层表面。介质板选用 0.508 mm 厚度的 Arlon Di 880 材料($\varepsilon_r = 2.2$,$\tan\delta = 0.0009$)。单元最下层为金属地板。在介质层和金属地板之间,插入一个 3 mm 厚的空气层,以增加单元厚度从而提升带宽。

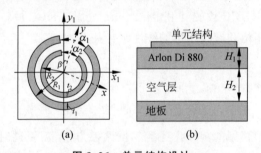

(a)　　　　　　　　　　　(b)

图 3.26　单元结构设计

(a) 单元结构俯视图;(b) 单元结构剖面图

图 3.27 展示了所提出的单元调控基础相位和旋转相位的工作原理。由于单元结构为开口圆环单元,沿着 x 轴方向的电长度与沿着 y 轴方向的电长度不同,因此沿着这两个正交方向的反射相位也不同。通过设计合理的单元几何尺寸,单元沿着两个正交方向的反射相位差可以等于 180°。在此基础上,改变单元的结构尺寸大小,如改变圆环的半径、圆环的宽度和开口角度等参数,可以调控单元的基础相位。需要指出的是,在调控单元基础相位的过程中,沿两正交方向存在 180°相位差的条件需要始终满足。在此

前提下,改变单元的角度可以实现对旋转相位的调控。单元仿真与优化使用 CST MWS 的 Frequency Domain Solver 求解器。仿真设置为周期性边界条件和平面波激励,以模拟平面波激励下无限大的周期性阵列环境。

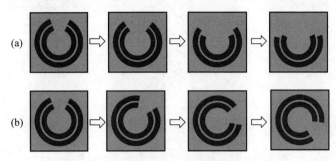

图 3.27　基础相位和旋转相位的调控原理
(a) 基础相位调控;(b) 旋转相位调控

通过 CST 仿真,本节得到了单元的基础相位分布结果,如图 3.28 所示。入射波为 LHCP,入射角度为垂直入射。由于 180°相位差的存在,反射波的极化也为 LHCP。同时调节单元的多个几何结构参数,本研究实现了 360°的基础相位调控范围。为了简化设计复杂度,本节以 20°的相位间隔对全部的 360°相位范围进行离散,因此共设计了 18 个不同几何尺寸的单元。这些单元具有不同的圆环半径、圆环宽度及开口角度。其中,表 3.6 列出了具有代表性的 6 个单元的具体的几何参数数值,其单元形状在图 3.28 中列出。从单元形状可以看出,该单元通过改变单元的几何尺寸来调控基础相位数值。

表 3.6　不同基础相位单元所对应的几何参数数值

单元/(°)	30	90	150	210	270	330
R_1/mm	3.2	3.2	3.1	2.9	2.6	3.1
R_2/mm	1.9	1.9	1.9	1.9	1.9	2.2
α_1/(°)	10	40	60	85	115	230
α_2/(°)	10	55	85	85	115	160

从图 3.28 可以看出,单元具有较高的极化转换效率,即反射效率。对大部分的反射单元,其反射振幅接近 0 dB。其中,基础相位为 350°的单元的反射损耗最高,其反射振幅为−0.34 dB,依然具有较高的反射效率。

在基础相位的基础上对单元进行旋转,得到集成了基础相位和旋转相位的总的反射相位。图 3.29 展示了总反射相位的结果,包括 LHCP 反射波和 RHCP 反射波。并且某一几何尺寸固定的单元具有确定的基础相位

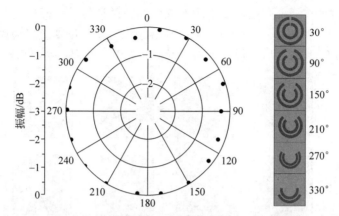

图 3.28　通过结构尺寸变化获得基础相位覆盖

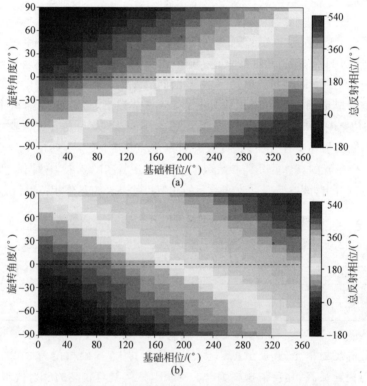

图 3.29　不同圆极化入射波激励下单元的总反射相位(见文前彩图)

(a) LHCP 激励时单元的总反射相位; (b) RHCP 激励时单元的总反射相位

值,然后在此基础上,通过单元旋转附加额外的旋转相位。在 LHCP 激励时,总相位为基础相位减去 2θ;RHCP 激励时,总相位为基础相位加 2θ。从反射相位结果可以看出,对于任意要求的 LHCP 相位和 RHCP 相位的组合值,总可以通过组合基础相位的值和旋转相位的值来实现,也就是说,实现了 LHCP 波和 RHCP 波的反射相位的独立调控。单元的反射振幅也通过仿真得到,在单元旋转的过程中,单元的反射振幅始终大于 -1 dB,保持了较好的旋转稳定性。

　　本节通过单元仿真获得了不同斜入射角度下,所设计单元的反射相位和反射振幅特性,结果如图 3.30 所示。仿真时,单元的旋转角度设置为 $0°$,其中横坐标表示单元的基础相位值,纵坐标表示 LHCP 波和 RHCP 波的反射振幅和反射相位值。从结果可以看出,当入射角度在 $0°\sim30°$ 范围内变化时,反射相位曲线基本重合,相位误差始终在 $15°$ 以内。对于反射振幅,随着入射角度逐渐增大,反射损耗呈上升趋势。其中最大的反射振幅差异出现在基础相位值为 $90°$ 附近,但是单元的振幅变化依然在 1 dB 以内。从仿

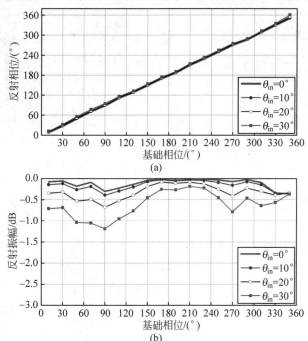

图 3.30　不同入射角下单元的反射相位和反射振幅曲线(单元旋转角度为 $0°$)

(a) 反射相位曲线;(b) 反射振幅曲线

真结果可以看出,所设计的反射单元具有较稳定的斜入射特性,可满足大斜入射角情形下的应用需求。

3.4.3.2 阵列设计与仿真

当单元设计完毕以后,本节将它组阵构成反射阵列,并用全波仿真的方法评估阵列的辐射特性。用作数值仿真的阵列设计为圆形口径,直径为390 mm。单元周期为7.5 mm,仿真的整个反射阵模型共包含2128个双开口圆环单元。仿真阵列的模型参数在表3.7中列出。馈源的极化为LHCP和RHCP,沿15°斜入射方向照射反射阵面。对于反射波束,反射的LHCP和RHCP波束均在xOz平面内,分别沿$-30°$和30°方向出射。

表 3.7 阵列仿真模型参数设置

工作频率	口面直径	馈源极化	入射角度 (θ,φ)	LHCP出射角度 (θ,φ)	RHCP出射角度 (θ,φ)
20 GHz	390 mm	LHCP/RHCP	$(15°,90°)$	$(30°,180°)$	$(30°,0°)$

根据补偿相位的理论计算公式,可以计算要产生所设计的LHCP波束和RCHP波束所需的补偿相位分布,结果如图3.31(a)和(b)所示。从结果可以看出,不同辐射方向的波束所需的补偿相位存在差异。根据公式(3-13)所示的理论计算公式,可以计算得出产生沿$±30°$方向辐射的双圆极化波束所需要的基础相位分布和旋转相位分布,结果如图3.31(c)和(d)所示。从结果可以看出,要产生独立调控的双圆极化波束,所需的基础相位变化范围为$0°\sim360°$,所需的旋转相位变化范围为$-180°\sim180°$。

图3.32是仿真的双圆极化反射阵列天线辐射方向图,所设计的辐射方向为$±30°$。可以看出,所设计的反射阵天线产生了较理想的笔形波束,在LHCP入射激励和RHCP入射激励下,辐射波束方向分别为$-30°$方向和30°方向。需要指出的是,本书提出的双圆极化相位调控方法,可实现任意独立的波束指向,不仅可以产生对称的双圆极化辐射波束,还可以产生非对称的两个波束。如图3.33所示,实验结果验证了所设计的双圆极化反射阵列天线产生了非对称的独立调控辐射波束。其中,LHCP极化波束在xOz平面内指向15°方向,而RHCP极化波束在yOz平面内指向20°方向,验证了本节提出的设计概念。

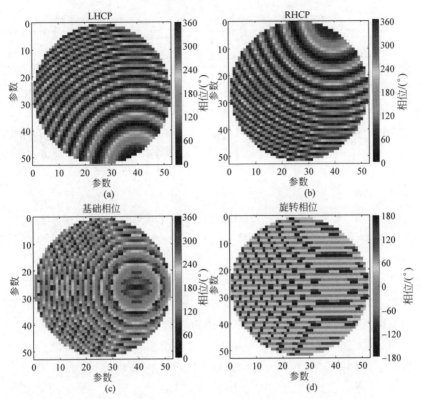

图 3.31　双圆极化反射阵列相位分布与设计（辐射方向为±30°，见文前彩图）

（a）产生−30°方向辐射的 LHCP 波束所需要的相位分布；（b）产生 30°方向辐射的 RHCP
波束所需要的相位分布；（c）产生独立调控的±30°双圆极化波束所需要的基础相位分布；

（d）产生独立调控的±30°双圆极化波束所需要的旋转相位分布

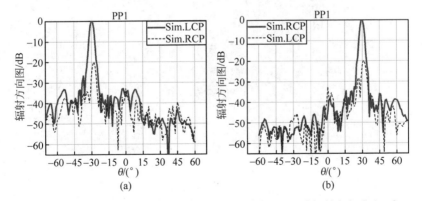

图 3.32　仿真的双圆极化反射阵列天线辐射方向图（设计辐射方向为±30°）

（a）LHCP 波束在 PP1 平面内的辐射方向图；（b）RHCP 波束在 PP1 平面内的辐射方向图

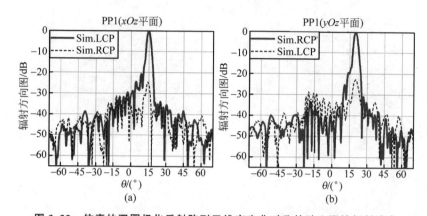

图 3.33　仿真的双圆极化反射阵列天线产生非对称的独立调控辐射波束

(a) LHCP 极化波束在 xOz 平面内指向 15°方向；(b) RHCP 极化波束在 yOz 平面内指向 20°方向

3.4.4　实验验证

本节为了验证本书提出的新型双圆极化相位调控概念，以及验证所设计的双圆极化反射单元，加工了反射阵列样机进行实验测试。

图 3.34 是实验加工的反射阵列天线样机实物图。该反射阵天线由馈源和反射阵面两部分组成。馈源选用双圆极化喇叭天线（18～22 GHz，q_f=9.0），可分别提供 LHCP 和 RHCP 的入射电磁波。反射阵面为圆形口径，口面直径为 390 mm。馈源高度为 351 mm，以提供−10 dB 的边缘照射电平和实现最大的口面效率。为了减小馈源遮挡，馈源在 yOz 平面内以 15°的斜入射角照射反射阵面。天线的辐射波束位于 xOz 平面内，在 LHCP 入射

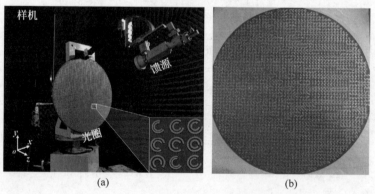

图 3.34　加工的反射阵列天线样机

(a) 样机实物图；(b) 反射阵面

波激励和 RHCP 入射波激励下,分别以−30°和 30°辐射方向出射。

　　该反射阵列天线具有简单的结构,加工容易。设计在反射阵面上的不同尺寸的双开口圆环单元,可采用标准的 PCB 工艺印刷制作而成。电磁单元图案印刷在单层介质基板的上层表面,介质基板的材料为 Arlon Di 880 (ε_r=2.2,tanδ=0.0009)。为了增加反射阵单元的带宽,在反射地板与介质层之间,设计了一层 3 mm 厚度的空气层。该空气层通过使用 3 mm 的尼龙柱支撑来构成。单元的周期为 7.5 mm,整个反射阵面包含了 2128 个开口圆环单元,每一个单元可以提供所设计的补偿相位。

　　天线样机的实验测试在清华大学罗姆楼 B1 近场微波暗室完成。测试过程中采用近场测试方案,获得二维平面上每个测试点处的幅度和相位信息,然后使用快速傅里叶变换计算得出天线在远场的辐射特性。

　　图 3.35(a)和(b)是采用 LHCP 馈源激励时的反射阵天线辐射方向图

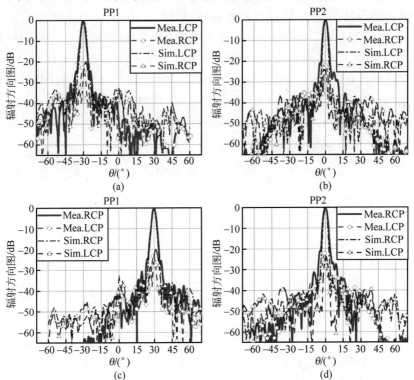

图 3.35　实验测试和全波仿真的反射阵天线辐射方向图(见文前彩图)

(a) LHCP 激励下在 xOz 平面(PP1)内的辐射波束; (b) LHCP 激励下在正交平面(PP2)内的辐射波束;
(c) RHCP 激励下在 xOz 平面(PP1)内的辐射波束; (d) RHCP 激励下在正交平面(PP2)内的辐射波束

结果。工作频率为 20 GHz，反射波束的主极化与入射波束的极化相同，为 LHCP 反射波。从测试的辐射方向图可以看出，该反射阵列天线形成了高增益的笔形辐射波束。主波束辐射方向位于 xOz 平面内，最大辐射方向的角度为 $-30°$。辐射波束在 PP1 和 PP2 内的半功率波束宽度分别为 $3.0°$ 和 $3.1°$。实测的交叉极化水平小于 -20 dB，旁瓣电平水平为 -24.5 dB。通过将实测结果与 CST 全波仿真结果相对比发现，测试结果与数值仿真结果吻合良好。

　　图 3.35(c) 和 (d) 是采用 RHCP 馈源激励时的反射阵天线辐射方向图结果。此时，主波束同样位于 xOz 平面内，最大辐射方向的角度为 $30°$。在 PP1 和 PP2 内，实测的半功率波束宽度分别为 $3.0°$ 和 $3.1°$。实测的交叉极化水平小于 -20 dB，旁瓣电平水平为 -24.6 dB。测试结果与数值仿真结果吻合良好。

　　图 3.36 是实验测试的反射阵列天线增益和口面效率在 $18 \sim 22$ GHz 频段范围内的结果。在 LHCP 馈源激励下，20 GHz 时的实测增益值为 35.5 dBic，对应的口面效率为 52.7%。在 RHCP 馈源激励下，20 GHz 时的实测增益值为 35.4 dBic，对应的口面效率为 51.6%。该反射阵列天线在较宽的频段范围内，具有较高的口面效率。在 $19.0 \sim 21.4$ GHz 频段范围内，口面效率高于 40%。在 LHCP 和 RHCP 激励下，-1 dB 增益带宽分别为 10.5%（$19.4 \sim 21.5$ GHz）和 10.0%（$19.5 \sim 21.5$ GHz）。

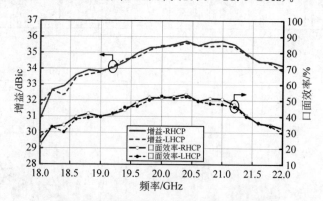

图 3.36　实验测试的天线增益和口面效率

　　图 3.37 是实验测试的天线轴比随频率变化的结果。在整个 $18 \sim 22$ GHz 频段范围内，天线的轴比均小于 3 dB，表面天线在工作频带内具有较好的圆极化特性。

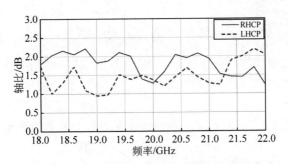

图 3.37　实验测试的轴比随频率变化的结果

本节通过实验加工制作了反射阵列天线样机,并进行了实验测试。分别测试了天线的辐射方向图、增益、口面效率和轴比等特性,成功实现了对左旋圆极化波束和右旋圆极化波束的独立控制,验证了所提出的新型双圆极化相位调控概念。

3.4.5　本节小结

本节提出了一种基于极化转化的旋转组合相位调控方法,通过组合应用单元旋转法和变尺寸法,单元可对入射的 LHCP 波和 RHCP 波产生独立的相位响应,从而可以实现具有独立辐射波束的双圆极化反射阵天线并基于极化变换方法的旋转组合相位调控方法,将总反射相位分解为基础相位和旋转相位两部分,通过基础相位和旋转相位的不同的线性组合,实现了反射的 LHCP 相位和 RHCP 相位的任意组合。实验设计了一种单层的双开口圆环反射单元,通过单元的尺寸变化实现了 0°～360°的基础相位调控,通过单元旋转实现了 −180°～180°的旋转相位调控,从而实现了左旋圆极化反射相位和右旋圆极化反射相位 0°～360°的任意组合。实验加工了反射阵天线样机进行实验测试。其中,左旋圆极化波束在 20 GHz 时的实测增益为 35.5 dBic,口面效率为 52.7%,1 dB 增益带宽为 10.5%(19.4～21.5 GHz);右旋圆极化波束的实测增益为 35.4 dBic,口面效率为 51.6%,1 dB 增益带宽为 10.0%(19.5～21.5 GHz)。在 18～22 GHz 频段范围内,天线的实测轴比在 3 dB 以内。由于所设计的反射阵天线可产生独立可调的双圆极化波束,并且天线阵列是简单的单层结构,加工难度和成本较低,因此在未来具有广泛的应用前景。

3.5　本章小结

本章针对微波段反射式电磁表面,创新性地提出了基于极化变换方法的组合调控技术,并应用于实现宽带反射阵、幅度相位调控反射阵和双圆极化反射阵列。

第一项研究工作,提出了一种基于极化变换方法的镜像组合调控技术,并应用于实现宽带反射阵列天线,通过组合使用镜像单元和初始单元,将相位调控范围拓展至原来的两倍。因此,单元通过尺寸变化只需提供180°的相位变化范围,从而有助于降低相位曲线的斜率,增加相位曲线的线性度,从而实现理想的宽带反射单元。该项工作完善了现有的反射阵列天线相位调控理论,并且对设计实现单层宽带反射阵列天线具有指导意义。

第二项研究工作,提出了一种基于极化变换方法的旋转组合调控技术,在线极化的极化转换工作模式下,组合应用单元旋转法和变尺寸法,实现了反射振幅和反射相位的独立调控,从而可以应用于幅度相位调控反射阵设计。通过理论分析和仿真验证,证明了通过单元旋转可以实现反射振幅0~1的连续调控,通过结构尺寸变化可以实现线性的360°反射相位范围。利用所提出的旋转组合调控技术,仅需单层结构即可实现幅度相位同时调控,且不需要加载任何外源器件,是一种低成本的实现反射振幅和反射相位同时调控的新型设计方案。

第三项研究工作,提出了一种基于极化变换方法的旋转组合调控技术,在圆极化的极化转换工作模式下,组合应用单元旋转法和变尺寸法,实现了LHCP波和RHCP波独立的相位调控。该方法将总反射相位分解为基础相位和旋转相位两部分,通过单元结构尺寸的变化调控基础相位,通过单元角度旋转调控旋转相位。基础相位和旋转相位不同的线性组合,实现了总的LHCP相位和RHCP相位的任意组合,也就实现了双圆极化相位的解耦合,从而实现了两个圆极化辐射波束的独立调控。利用所提出的旋转组合调控技术方案,仅需单层结构即可实现双圆极化反射阵天线,大大降低了实现具有独立辐射波束的双圆极化反射阵列的难度和成本。

第4章 微波频段透射式电磁表面极化转换调控技术研究

4.1 本章引言

第 3 章介绍了利用反射式电磁表面实现的反射阵天线。接下来,本章将研究利用透射式电磁表面所实现的透射阵天线。透射阵天线作为新一代高增益天线,不仅具有反射阵天线的优势,而且还克服了反射阵列天线存在馈源遮挡的劣势,在未来的远距离通信尤其是卫星通信中具有广泛的应用前景。

然而,在实际设计和应用中,透射阵列天线还面临诸多挑战。首先是工作效率的问题。反射阵列天线由于具有金属反射地板,反射效率通常不难控制,只需要考虑反射相位即可,而透射阵列天线由于需要使能量透过,因此不仅需要调控相位,还需要同时调控振幅。为了保证透射阵列具有充足的相位调控范围,并且具有高的透射振幅,传统的透射阵列天线通常设计为多层结构。最常见的是多层级联式 FSS 结构,根据理论分析,多层 FSS 式透射阵需要四层金属结构才能保证实现 -1 dB 损耗下的 360°相位调控范围。如果使用三层、两层或单层结构,相位调控范围理论上则只有 308°、170°和 54°,无法满足 360°的相位调控范围要求。

近年来,为了简化透射阵列天线的结构,学者们提出了多种双层透射阵设计方法。例如,使用双层嵌套式开口圆环单元,实现了 180°相位变化范围,透射损耗为 2.3 dB[90]。在文献[94]中,双层结构的相位范围可以扩展到 360°,但是传输损耗仍然有 2.2~3.0 dB。在文献[91]中,双层双开口圆环单元实现了 190°相位调控范围和 1.9 dB 的传输损耗。文献[92]中设计的 FSS 透射单元实现了 330°相位调控范围,但是传输损耗达到了 4.6 dB。安文星等学者提出了打通孔的 Malta 透射阵单元,相位范围达到了 308°,透射振幅为 -1.8 dB[93]。但是该方案需要使用垂直金属化通孔来连接上、下表面结构,加工较为复杂。由此可见,目前的双层透射阵设计方案,均面临相位范围不足或(和)透射损耗过大的问题。因此,设计一款双层的透射阵天线,使之具有 360°的相位调控范围,同时透射振幅大于 −1 dB,仍然充满挑战。

　　本章的工作目标是发展一种新的透射单元调控方法,以突破现有设计理论中结构层数对相位调控范围和透射振幅的限制问题。设计指标是:双层结构具有 360°的相位调控范围和小于 1 dB 的传输损耗,并且要求该方案不需使用通孔结构。因此,本书基于极化转换原理,提出了新型的圆极化工作模式下双层透射阵设计方案,并且实现了 −1 dB 透射振幅和 360°透射相位的设计目标,突破了传统透射阵设计理论中结构层数对透射振幅和透射相位的限制问题。

4.2　设　计　原　理

　　本节将提出基于极化变换方法的透射相位调控方法,以实现双层高效率的圆极化透射阵天线。

　　在反射阵列设计中,单元旋转法是一种重要的相位调控方式,并得到了广泛的应用。它的工作原理是,通过旋转圆极化单元的角度,实现反射相位的调控,并且相位变化与旋转角度存在线性的两倍关系。反射阵列中的单元旋转相位调控方法,可以给透射阵列的相位调控带来借鉴意义。

　　下面将详细推导,如何使用单元旋转技术调控透射相位,以及所需的条件。假设入射波为右旋圆极化(RHCP),沿着 −z 轴方向入射到单元上,此时,入射波可表示为

$$\boldsymbol{E}_i = E_0(\hat{x} + j\hat{y})e^{jk_0z}e^{j\omega t} \tag{4-1}$$

　　圆极化入射波可以分解为 x 和 y 两个正交分量,可分别分析两个正交分量的透射系数。如图 4.1(a)所示,将两个正交分量的透射系数分别记为 T_x 和 T_y。假设没有传输损耗和极化损失,透射系数可以表示为

$$T_x = 1 \cdot e^{j\varphi_x}, T_y = 1 \cdot e^{j\varphi_y} \tag{4-2}$$

其中,φ_x 和 φ_y 分别表示为两个正交分量的透射相位。因此,透射波可以表示为

$$\boldsymbol{E}_t = E_0(\hat{x}e^{j\varphi_x} + j\hat{y}e^{j\varphi_y})e^{jk_0z}e^{j\omega t} \tag{4-3}$$

　　如果 x 分量和 y 分量之间的透射相位存在 180°的相位差,即

$$|\varphi_x - \varphi_y| = 180° \tag{4-4}$$

那么,透射波的表达式可以简化为

$$\boldsymbol{E}_{\mathrm{t}} = E_0(\hat{x} - \mathrm{j}\hat{y}) \mathrm{e}^{\mathrm{j}\varphi_x} \mathrm{e}^{\mathrm{j}k_0 z} \mathrm{e}^{\mathrm{j}\omega t} \tag{4-5}$$

从式(4-5)可以看出,如果 x 极化分量与 y 极化分量之间存在 180° 的相位差,那么经过透射后,入射的右旋极化波将转化为左旋圆极化波。

接着,考虑将单元逆时针旋转 θ 后的情形,如图 4.1(b)所示。为了方便表示,可选用 x'-y' 坐标系,x'-y' 坐标系由原来的 x-y 坐标系旋转而来。此时,入射波和透射波可以表示为

$$\boldsymbol{E}_{\mathrm{i}} = E_0(\hat{x'} + \mathrm{j}\hat{y'}) \mathrm{e}^{\mathrm{j}\theta} \mathrm{e}^{\mathrm{j}k_0 z} \mathrm{e}^{\mathrm{j}\omega t} \tag{4-6}$$

$$\boldsymbol{E}_{\mathrm{t}} = E_0(\hat{x'} T_{x'} + \mathrm{j}\hat{y'} T_{y'}) \mathrm{e}^{\mathrm{j}\theta} \mathrm{e}^{\mathrm{j}k_0 z} \mathrm{e}^{\mathrm{j}\omega t} \tag{4-7}$$

其中,$T_{x'}$ 和 $T_{y'}$ 表示 x' 和 y' 电磁分量的透射系数。因为在旋转的过程中,单元的形状没有发生改变,所以可以近似地认为:$T_{x'} = T_x$,$T_{y'} = T_y$。因此,透射波可以表示为

$$\boldsymbol{E}_{\mathrm{t}} = E_0(\hat{x'} - \mathrm{j}\hat{y'}) \mathrm{e}^{\mathrm{j}\varphi_x} \mathrm{e}^{\mathrm{j}\theta} \mathrm{e}^{\mathrm{j}k_0 z} \mathrm{e}^{\mathrm{j}\omega t} \tag{4-8}$$

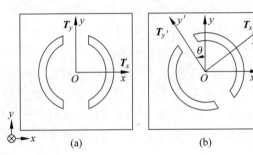

图 4.1　单元旋转法调控透射相位的概念模型

(a) 初始单元;(b) 旋转单元

将透射波的表达式转化为 x-y 坐标系的表达式以便于比较,即

$$\boldsymbol{E}_{\mathrm{t}} = E_0(\hat{x} - \mathrm{j}\hat{y}) \mathrm{e}^{\mathrm{j}2\theta} \mathrm{e}^{\mathrm{j}\varphi_x} \mathrm{e}^{\mathrm{j}k_0 z} \mathrm{e}^{\mathrm{j}\omega t} \tag{4-9}$$

如果对比表达式(4-5)和式(4-9)就可以发现:旋转单元的透射相位比初始单元的透射相位领先 2θ,同时两者的透射振幅保持不变。因此,如果将透射单元从 0° 旋转至 180°,那么透射相位将会产生 360° 的变化,并且透射振幅在理论上可保持 1 不变。也就是说,通过单元旋转的方式实现了 360° 的透射相位的覆盖。当然,透射单元需要满足一定的条件:

(1) 两个正交分量的透射相位需要具有 180° 的相位差,以实现极化转换;

(2) 两个正交分量的透射振幅需要接近或等于 1,以实现高的透射

效率。

通过以上分析,我们可以得到使用单元旋转法调控透射相位的单元条件。下面进行理论研究,探讨如何满足单元条件所需要的单元层数。

通过理论计算,我们可以得到不同结构层数的透射单元所能实现的理论的透射振幅和透射相位范围。为了观察方便,透射系数通常在极坐标图中表示,其中极坐标的半径代表振幅,极坐标的角度代表相位。

单层单元结构所具有的透射振幅和相位覆盖范围如图 4.2(a)所示。从结果可以看出,−1 dB 以内的相位覆盖范围只有 54°。因此,无法找到振幅大于−1 dB 且相位相差 180°的两个点,无法满足单元旋转调相法所需要的单元条件。

双层单元结构所具有的透射振幅和相位覆盖范围如图 4.2(b)所示。双层结构的透射系数通过级联矩阵获得,即将上层金属结构、中间介质层和下层金属结构的透射系数级联得到。βL 表示单元的电厚度,其中 β 代表波矢,L 表示单元的物理厚度。图 4.2(b)分别给出了不同厚度的单元的透射系数理论结果。可以看出,当 $\beta L = 60°$ 或 $\beta L = 120°$ 时,透射系数中存在两个特殊的点 A 和点 B。这两个特殊点的透射振幅均大于−1 dB,并且它们的相位差近似等于 180°。也就是说,这两个特殊的点可以满足应用单元旋转法调控透射相位的条件,并且可以保证透射振幅大于−1 dB。因此,使用双层结构,实现 360°的透射相位的覆盖并且透射振幅大于−1 dB,在理论上是可行的。

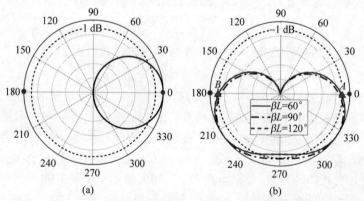

图 4.2　不同结构层数的透射单元理论上的透射系数

(a) 单层单元结构所具有的透射振幅和相位覆盖范围;
(b) 双层单元结构所具有的透射振幅和相位覆盖范围

从图 4.2(b)还可以看出,双层结构的透射系数受单元厚度的影响。当 $\beta L = 60°$或$\beta L = 120°$时,可以实现的两个特殊点(A 和 B)会更接近理想的单元条件(两个圆点)。如果 $\beta L = 90°$,可以实现的两个特殊点距离理想的单元条件更远一些。如果单元的厚度很薄(βL 趋近 $0°$)或很厚(βL 趋近 $180°$),透射相位 $0°$和 $180°$所对应的透射振幅会更接近 1。从理论上讲,设计双层透射阵单元,需要选用较薄或较厚的单元厚度。但是在实际设计中,还需要考虑其他因素,如单元的工作带宽、单元的旋转稳定性等。因此,双层透射阵单元厚度的选择,是在考虑各种因素后的一个折中选择。在后续的单元设计中,我们会针对具体的设计案例详解单元厚度的确定方法。

4.3　单元及阵列的设计与仿真

4.3.1　单元设计与仿真

本节将设计一个具体的双层透射阵单元来满足使用单元旋转法所需的单元条件,验证所提出的基于极化变换方法的透射相位调控方法概念。

如图 4.3 所示,所设计的 Patch-型单元结构的单元形式为开口圆环单元(SRR)。单元结构较为简单,只有两层金属贴片单元结构和一层介质板,两层金属贴片印刷在单层介质板的上下两面,两层金属贴片完全相同并且上下对准。介质板选用 Taconic TLX-8,介电常数为 2.55,损耗正切 $\tan\delta = 0.0019$。本设计选用了两种不同厚度的介质板作为对比,分别为 1.58 mm($\beta L = 60°$)和 3.18 mm($\beta L = 121°$)。设计中心频率为 20 GHz,单元周期为半波长 7.5 mm。

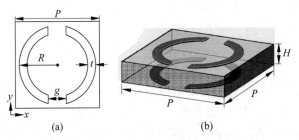

图 4.3　Patch-型单元结构示意图

(a)单元俯视图;(b)单元透视图

该单元的设计目标是满足单元旋转法所要求的单元条件。之所以选择开口圆环单元,是因为开口圆环单元存在一条开口缝隙,其在 x 方向和 y

方向上的电长度存在差异,因此 x 极化激励的电磁波和 y 极化激励的电磁波的谐振频率就会不同。通过优化单元的尺寸参数,在固定的频点 20 GHz 处,可以使 x 极化电磁波的透射相位与 y 极化电磁波的透射相位产生 180° 的相位差。根据图 4.2(b),两个正交分量的透射相位应该分别位于 0° 和 180°附近,以接近理想的单元条件。

实验使用 CST 电磁软件对所设计的单元进行仿真,分别仿真了 $\beta L = 60°$ 和 $\beta L = 121°$ 两种情形,单元的几何参数在表 4.1 中列出。当 $\beta L = 60°$ 时,y 极化分量的透射相位为 $-6°$,透射振幅为 0.94;x 极化分量的透射相位为 $-157°$,透射振幅为 0.96。当 $\beta L = 121°$ 时,y 极化分量的透射相位为 $-15°$,透射振幅为 0.95;x 极化分量的透射相位为 $-170°$,透射振幅为 0.94。因此,上述两种单元都可以满足单元旋转法所需的条件。而这两种单元孰优孰劣,需要通过 4.3.1.1 节中的单元厚度分析来得出。

表 4.1　所设计单元的几何参数

参数数值	$\beta L/(°)$	H/mm	R/mm	t/mm	g/mm
Case 1	60	1.58	3.5	0.20	0.85
Case 2	121	3.18	3.4	0.70	1.50

4.3.1.1　单元厚度分析与研究

单元介质厚度不同,单元的尺寸敏感性会存在差异。本节将开口圆环的半径 R 设置为变量,使它以 0.05 mm 的步进从 1.5 mm 变化到 3.7 mm,并分别仿真计算每个尺寸半径下的透射系数。

图 4.4 是透射系数的结果,包含 $\beta L = 60°$ 和 $\beta L = 121°$ 两种情形。可以看出,随着半径 R 逐渐增大,x 极化分量和 y 极化分量的透射系数在极坐标图中均沿着顺时针旋转,并构成了一个"心"形,这与理论的分析结果相一致。从图 4.4 中可以看出,点在不同单元厚度下的疏密程度存在差异。当 $\beta L = 60°$ 时,极坐标图中 0° 相位附近的点较为密集,180° 相位附近的点非常稀疏。而当 $\beta L = 121°$ 时,点的分布较为均匀。表 4.2 分别列出了不同厚度下,0° 相位和 180° 相位处的单元敏感性的具体数值,并用半径变化 1 mm 所引入的相位变化来表示。当单元厚度较薄时($\beta L = 60°$),180° 相位附近半径每变化 1 mm 会引入 665° 的相位变化,单元对尺寸的变化非常敏感,无法符合实际的应用要求。因此,较厚单元相对较薄单元,具有更好的单元尺寸敏感性特性。

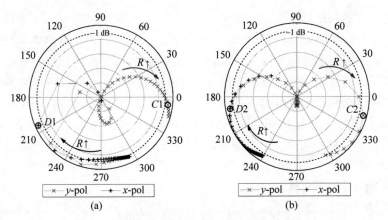

图 4.4　不同单元厚度下两正交分量的透射系数

(a) $\beta L = 60°$；(b) $\beta L = 121°$

表 4.2　不同介质厚度的单元敏感性分析

参　数　数　值	$\partial\varphi/\partial R(0°)$	$\partial\varphi/\partial R(180°)$
Case 1($\beta L = 60°$)	52°/mm	665°/mm
Case 2($\beta L = 121°$)	280°/mm	114°/mm

　　单元介质厚度不同,单元的带宽会存在差异。图 4.5 是 $\beta L = 60°$ 和 $\beta L = 121°$ 两种情形下透射振幅随频率的变化情况。此处,入射波是右旋圆极化,透射波为左旋圆极化,观测频段为 19～21 GHz。在中心频点 20 GHz 处,无论是选用 $\beta L = 60°$ 还是选用 $\beta L = 121°$,透射振幅均大于 -1 dB。但是当工作频率偏移中心频点时,厚度较小单元的透射振幅会快速下降,而厚度较大单元的透射振幅的下降速率较慢。例如,在 21 GHz 处,较薄单元和较厚单元的透射振幅分别为 -4.8 dB 和 -2.2 dB。因此,选用较厚的单元可

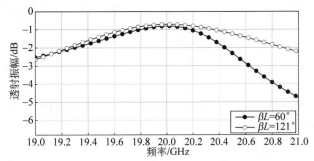

图 4.5　不同单元厚度下单元的带宽差异

以获得更宽的单元带宽。

　　单元介质厚度不同,单元的旋转稳定性会存在差异。由于单元旋转法需要采用旋转单元角度的方法来调控透射相位,因此在单元旋转的过程中需要保证透射振幅不会显著下降。图 4.6 是不同单元厚度下,单元旋转稳定性的仿真结果。可以看出,$\beta L=60°$ 单元的旋转稳定性较差,当单元旋转至某些角度时,透射振幅显著下降,透射相位线性度下降,存在相位跃变。$\beta L=121°$ 单元的旋转稳定性较好,在单元由 $0°$ 旋转至 $180°$ 的过程中,透射振幅始终保持 -0.9 dB 以上,透射相位始终保持线性,并由 $0°$ 变化至 $360°$,实现了 $360°$ 的相位覆盖。

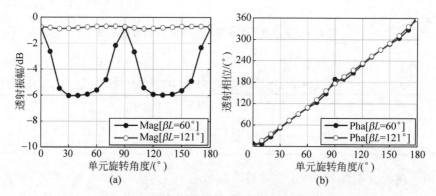

图 4.6　不同单元厚度下单元旋转稳定性的差异
(a) 透射振幅随旋转角度的变化情况;(b) 透射相位随旋转角度的变化情况

　　以上研究内容从单元尺寸敏感性、单元带宽和单元旋转稳定性三个方面,对较薄单元($\beta L=60°$)与较厚单元($\beta L=121°$)的单元性能进行了对比。结论是,在对比的三个方面中,较厚单元的性能更优。

4.3.1.2　设计单元的工作特性

　　4.3.1.1 节中的分析结果表明,使用 $\beta L=121°$ 的单元可以获得更佳的单元性能。接下来,本节针对 $\beta L=121°$ 的单元(其他尺寸参数在表 4.1 中列出)具体展开仿真研究。

　　图 4.7 展示了所设计的单元在垂直入射时,透射振幅和反射振幅在 $19\sim21$ GHz 频段内的仿真结果。单元的旋转角度设置为 $0°$,入射波的极化为右旋圆极化,透射波的主极化为左旋圆极化。在中心频点 20 GHz 处,透射波主极化的振幅为 -0.71 dB,透射波交叉极化的振幅为 -13.67 dB。

对于双层透射阵来说,它可以达到较高水平的透射效率和极化转换效率。而且在 19~21 GHz 频段内,透射波主极化的振幅始终大于－2.65 dB。另外,反射强度是透射阵设计中关注的重要因素。在中心频点 20 GHz 处,反射的左旋圆极化波和右旋圆极化波的振幅分别为－23.55 dB 和－10.76 dB。因此,入射的 RHCP 的电磁波的能量高效率地转化为透射的 LHCP 波。

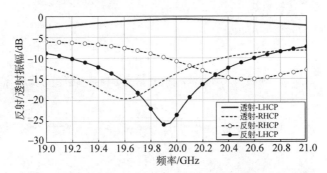

图 4.7　垂直入射时反射振幅和透射振幅随频率的变化关系

图 4.6 展示了所设计的双层透射阵单元在单元旋转时的工作特性,通过将单元由 0°旋转至 180°,可以获得线性的 360°相位调控范围,并且透射振幅大于－1 dB。

接下来,我们将通过仿真评估设计单元的斜入射特性。图 4.8 是入射角度在 0°~50°时,透射振幅在 19~21 GHz 频段范围内的结果。仿真时入射波为 RHCP,透射波为 LHCP。首先,我们获得了单元旋转角度为 0°时的结果:当入射角度小于 40°时,透射振幅变化微小,各曲线几乎重合;当斜入射角度达到 50°时,透射振幅曲线开始出现差异,尤其是在 20.6 GHz 处存在显著的振幅下降。其次,我们获得了单元旋转角度在 0°~180°范围内变化时,在 20 GHz 处透射振幅的结果,结果如图 4.9 所示;当斜入射角度小于 30°时,在单元旋转角度下,单元的透射振幅可保持－1 dB 以上;当斜入射角度超过 30°时,损耗逐渐增强,例如,在 50°入射角时,透射振幅降至最小－4.6 dB。

图 4.10 展示了单元旋转角度在 0°~180°范围内变化时,单元在 20 GHz 处透射相位的结果。可以看出,透射相位受入射角度变化的影响较小。在 0°~30°范围内,透射相位误差小于 15°。即使斜入射角度达到 50°,相位变化仍然小于 30°。

对单元斜入射性能进行分析的结果表明,单元在斜入射角度小于 30°

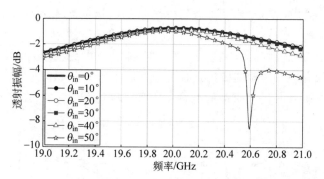

图 4.8　不同斜入射角情况下，透射振幅随频率的变化曲线

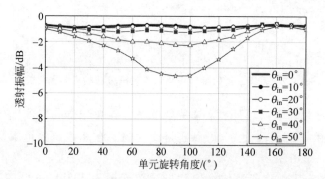

图 4.9　不同斜入射角的情况下，透射振幅随旋转角度的变化曲线

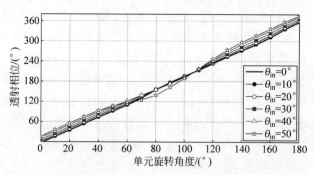

图 4.10　不同斜入射角的情况下，透射相位随旋转角度的变化曲线

时能够保持较好的稳定性，透射振幅在 -1 dB 以上，透射相位误差小于 $15°$。在后续的组阵应用中，阵列的焦径比为 1.0，最大斜入射角度为 $26.5°$。因此，本节设计单元的斜入射性能可以满足实际应用的需求。

4.3.1.3　容差分析

在实验样机加工的过程中,图形尺寸的加工误差和介质材料特性的变化通常是难以避免的。因此,需要考虑设计单元对加工误差和材料误差的容差能力。图 4.11 展示了单元尺寸误差对单元工作频段的影响。δR,δt,δg 分别代表开口圆环单元的圆环半径、圆环宽度和缝隙宽度的变化量。实验仿真这些几何参数变化 0.1 mm 时所引起的工作频率偏移的大小,结果表明,当圆环半径或宽度变化 0.1 mm 时,单元频移约为 0.5 GHz;当圆环缝隙变化 0.1 mm 时,单元几乎不发生频率偏移。

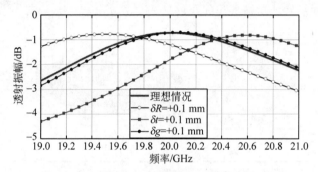

图 4.11　单元尺寸误差对工作频段的影响

图 4.12 展示了介质材料误差对单元工作频段的影响。δH、$\delta \varepsilon_r$ 分别代表介质层的厚度和介质材料的介电常数与设计值的偏差。从结果可以看出,当介质层的物理厚度增加 0.2 mm(由原来的 3.18 mm 增加至 3.38 mm)时,单元的工作频率将由原来的 20.0 GHz 偏移至 19.5 GHz;当介质层的介电常数增加 0.2(由原来的 $\varepsilon_r = 2.55$ 变为 $\varepsilon_r = 2.75$)时,单元的工作频率

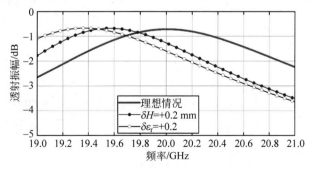

图 4.12　介质材料误差对工作频段的影响

将由原来的 20.0 GHz 偏移至 19.4 GHz。由此可见，介质层的厚度和介电常数大小对单元的工作特性具有显著的影响，实际样机加工中的误差会影响整个透射阵列的工作特性。

4.3.1.4 Patch-型单元与Slot-型单元的对比

4.3.1.1～4.3.1.3 节介绍了使用 Patch-型单元进行设计的结果。接下来，我们需要探究 Slot-型单元的单元特性。如图 4.13 所示为本书设计的 Slot-型开口圆环单元。该单元与前文所述的 Patch-型单元具有相同的单元周期、介质材料参数和厚度。优化开口圆环的半径、宽度和开口大小可以实现单元旋转法所需的单元条件。

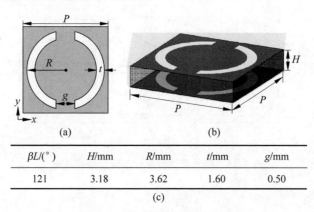

$\beta L/(°)$	H/mm	R/mm	t/mm	g/mm
121	3.18	3.62	1.60	0.50

(c)

图 4.13 Slot-型单元结构示意图

(a) 单元俯视图；(b) 单元透视图；(c) 单元几何参数

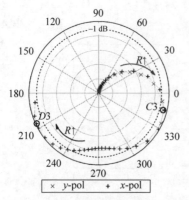

图 4.14 两正交分量的透射系数

图 4.14 展示了单元沿着 x 极化和 y 极化的透射系数随圆环半径的变化情况。圆环的半径从 2 mm 逐渐增加至 3.7 mm。从图 4.14 中可以看出，当圆环半径等于 3.62 mm 时，x 极化的透射振幅为 0.99，透射相位为 $-155°$，y 极化的透射振幅为 0.95，透射相位为 $-14°$，因此可以满足应用单元旋转法所需的单元条件。

图 4.15 展示了在垂直入射下，Slot-型单元的透射相位和透射系数随着单元

旋转角度的变化情况。随着单元旋转角度从 0° 逐渐变化至 180°,单元具有了 360° 的透射相位调控范围,但是相位曲线的线性度不佳。而透射振幅随着单元旋转产生了较大的起伏,在某些旋转角度下,单元损耗大于 1 dB。其原因是,Slot-型单元的圆环半径的优化值为 3.62 mm,非常接近单元的周期 3.75 mm。因此,邻近单元之间存在较强的耦合,在单元旋转的过程中,难以保持稳定的单元条件。

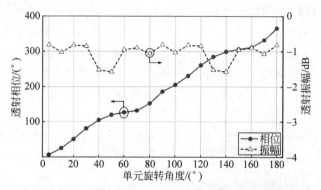

图 4.15　Slot-型单元的透射相位和透射振幅随着单元旋转角度的变化情况

此外,本书还仿真评估了 Slot-型单元的斜入射特性。如图 4.16 所示,当入射角度从 0° 逐渐增加至 30° 时,单元的工作频率逐渐往高频方向偏移,无法满足斜入射稳定的单元特性要求。

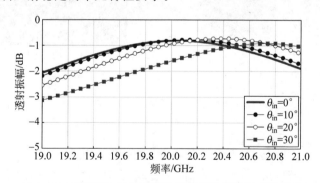

图 4.16　不同斜入射角度下透射振幅随频率的变化情况

因此,通过单元的幅度和相位特性、斜入射特性的对比可以看出,Patch-型单元的性能要优于 Slot-型单元。因此,后续的阵列仿真和实验样机加工中均采用 Patch-型单元组成阵列。

4.3.2　阵列设计与仿真

本节将所设计的 Patch-型单元组成阵列构成透射阵列,并用数值仿真的方法评估阵列的辐射特性。用作数值仿真的透射阵面为圆形口径,直径为 405 mm。单元周期为 7.5 mm,仿真的整个透射阵模型共包含 2292 个开口圆环单元。仿真阵列的馈源入射角度为 0°,出射角度为 0°。入射波的极化为 LHCP,透射波的极化为 RHCP。

对所设计的透射阵列,本节在 CST MWS 中使用时域仿真求解器进行全波仿真,如图 4.17(a)所示。进行仿真的服务器具有 2 个 Intel Xeon CPU 处理器(8 核,3.2 GHz),4 个 Nvidia Tesla K80 GPU 处理器和 512 GB 的 ECC内存。使用 GPU 加速的方法,可以大大提升阵列的仿真效率。图 4.17(b)表示要形成所设计的波束出射方向所需要的阵列口面上的补偿相位分布。根据单元的旋转角度与透射相位的关系曲线,可以确定阵列上每个单元的旋转方向。

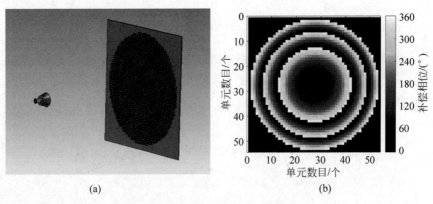

(a)　　　　　　　　　　　　　　(b)

图 4.17　全波仿真设置(见文前彩图)

(a) CST 全波仿真模型;(b) 所需的补偿相位分布

图 4.18 是仿真的透射阵天线在 PP1 平面(xOz 平面)和 PP2 平面(yOz 平面)的辐射方向图。其中,入射波的极化为左旋圆极化,经过透射后,主极化变为右旋圆极化。可以看到,所设计的透射阵天线形成了较好的笔形透射波束,最大辐射方向指向所设计的 0°出射方向,并且交叉极化水平小于 −30 dB。因此,这个结果从数值上验证了本书提出的双层圆极化透射阵设计概念。

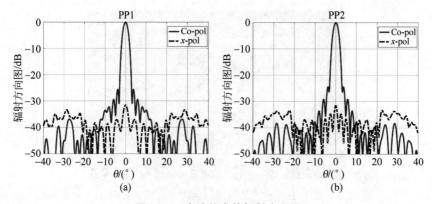

图 4.18　全波仿真的辐射方向图

（a）在 PP1 平面内；（b）在 PP2 平面内

4.4　实　验　验　证

　　为了实验验证所提出的双层圆极化透射阵设计概念，以及检验所设计的透射阵单元，本书加工了透射阵样机，并进行测试。

　　图 4.19 是加工的双层透射阵天线样机实物图。该透射阵天线由天线口面和馈源两部分组成。天线口面为圆形，直径为 405 mm（27 个工作波长）。馈源距离天线口面 405 mm，焦径比为 1.0。馈源为双圆极化喇叭天线，本实验使用左旋圆极化激励，馈源的工作频段为 18～22 GHz。喇叭馈源的辐射方向性可以用 q 因子来表示，该馈源的 q 因子为 9.5。当焦径比为 1.0 时，该喇叭馈源的边缘照射电平约为 -10 dB，可以实现透射阵列工作效率的最大化。该喇叭馈源在最大辐射方向的交叉极化电平为 -30.6 dB。从天线样机实物图可以看出，所设计的双层透射阵天线结构非常简单。天线口面部分只有一层介质板结构，介质板的上下表面采用 PCB 工艺加工制作所设计的电磁结构图案。介质板选用国产板材，性能与 Taconic TLX-8 相似，介电常数为 2.55，厚度为 3.18 mm。单元结构为开口圆环单元，周期为 7.5 mm，整个天线口面共包含 2292 个单元，每个单元可以提供所设计的补偿相位。天线的测量在清华大学罗姆楼 B1 近场微波暗室进行。测量时，近场测量探头扫描二维平面，记录每个点的振幅和相位信息，然后通过快速傅里叶变换（FFT）计算得出天线远场的辐射特性。

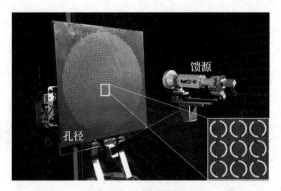

图 4.19 加工的双层透射阵天线样机实物

实验测试的透射阵天线辐射方向图如图 4.20 所示，分别包含 xOz 平面和 yOz 平面的结果。激励馈源的极化为左旋圆极化，经过透射后，主极化变为右旋圆极化。从辐射方向图可以看出，所加工的透射阵天线样机在

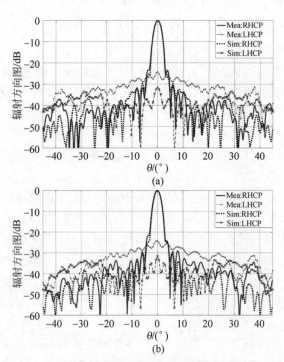

图 4.20 实验测量的天线辐射方向图

（a）xOz 平面；（b）yOz 平面

所设计的辐射方向产生了较好的笔形波束。在两个正交的主平面内,主波束的半功率宽度为 2.5°。实验测试的交叉极化电平为 −24.3 dB,旁瓣电平值为 −21.7 dB。实测方向图结果与全波仿真结果吻合良好。

实验测试的天线增益和口面效率如图 4.21 所示,测试频段为 19～21 GHz。从增益结果可以看出,加工的透射阵样机工作频率发生了频偏。实测的最大增益频点为 19.4 GHz,增益值为 36.1 dBic,对应的口面效率为 60.2%。在设计的中心频点 20 GHz 处,实测增益为 35.6 dBic,对应的口面效率为 50.5%。虽然天线发生了频偏,但是依然保持较高的增益和口面效率。在 19～21 GHz 频段范围内,天线样机的实测口面效率始终保持在 40% 以上。实测的 −1 dB 增益带宽为 9.5%(19.0～20.9 GHz)。从实验测试结果可以看出,使用双层透射阵结构,实现了较高水平的口面效率,验证了本书提出的双层圆极化透射阵设计概念。

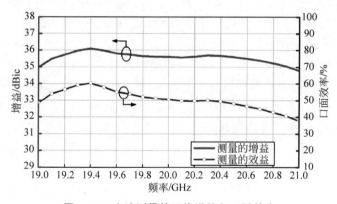

图 4.21　实验测量的天线增益和口面效率

本节接下来分析天线样机产生频偏的可能原因。频偏可能源于多种因素,包括 PCB 电路板图案存在加工误差,所使用的高频电路介质板材的厚度和介电常数等参数存在偏差等。这些误差在单元层面的影响在 4.3.1.3 节中已经详细讨论过。本节通过 CST 全波仿真的方式,分析实验加工误差在阵列层面的影响。实验仿真了介质层的介电常数为理想的 2.55 和存在偏差的 2.75 两种情形下的天线增益结果,并与加工样机的实测结果相对照,如图 4.22 所示。可以看出,假设介质板材的介电常数增加了 0.2,那么仿真结果会与加工样机的实测结果相吻合。

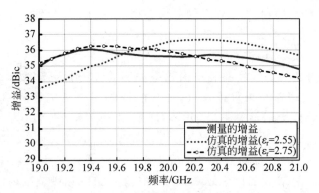

图 4.22　工作频率偏移分析

4.5　本 章 小 结

本章提出了一种基于极化变换方法的新型透射相位调控方法,并应用于实现双层的高效率圆极化透射阵列天线。基于极化转换原理,本研究使用单元旋转相位调控技术,实现了双层结构的高效率透射,且透射相位可以通过几何旋转的方式实现线性的 360°覆盖。基于此概念设计的双层透射开口圆环单元,其透射振幅大于−1 dB,并通过将单元由 0°旋转至 180°获得了线性的 0°～360°的相位覆盖。加工的透射阵实验样机也获得了接近60%的口面效率。该项工作的意义是:突破了传统的结构层数对相位范围和透射振幅的理论限制,将实现单元性能所需的传统的四层结构降至两层结构,降低了单元结构复杂度和加工成本。有理由相信,该项研究工作为实现低成本、高性能的圆极化透射阵天线奠定了理论基础,将有助于推动透射阵列天线大规模地进入实际应用范畴。

第5章 光波频段电磁表面同极化相位调控技术研究

5.1 本 章 引 言

5.1.1 光波频段电磁表面的发展与应用

第3章和第4章对微波段电磁表面进行了研究。然而,随着应用需求的发展,电磁表面调控技术逐渐向高频段发展,目前已发展进入光波频段。光波频段的电磁表面在对光场的调控中发挥着越来越重要的作用。

传统光学中对光场的操控主要依据光波在不同媒质中传播时的光程积累。然而,材料在自然界中的折射率变化范围有限,难以实现对光场的任意操控。此外,传统自然材料对光场的调控,主要依赖光波在其内部的传输距离。因此,传统光学器件通常具有较大的体积和质量,无法适应未来对光学器件小型化、轻质化的要求,尤其是无法适应集成化的微纳光学系统和片上集成光学系统的应用要求。光学超表面的出现,为解决这一问题提供了全新的路径。超表面由二维的周期性排布的电磁单元组成,对电磁场的相位、振幅、极化和频率等特性具有任意的调控能力,并且具有超薄的物理厚度,非常易于实现小型化、集成化的光学器件和系统。

分束器在光学系统中是一种至关重要的光学器件,它的作用是将一束光分为多束,以实现传输信息和能量的分离,如图5.1所示。近年来,超表面分束器已被研究者提出并进行研究。现有的超表面分束器主要分为两类,一类是色散分束器,另一类是偏振分束器。色散分束器是将不同频率的光波分离到不同的方向,偏振分束器是将不同极化的光波分离到不同的方向,从而实现光束的分离。而对于同频率、同极化的入射光波,现有的超表面分束器难以将之有效分离。针对此问题,本章提出了基于反射式超表面的光学分束器,此光学分束器具有超薄的物理厚度,可对同频率、同极化的入射光波实现有效分离,并且可以动态调控分离光束的角度和能量分配比例。

(a)　　　　　　　　　　　　　　　　(b)

图 5.1　光学分束器的不同类型

(a) 传统光学分束器;(b) 超表面分束器

5.1.2　光学电磁表面的基本材料

电磁表面是由一系列的基本材料所组成的功能结构,常用的光学电磁表面的基本材料大致可以分为三类:金属材料、介质材料和电磁功能材料。

第一类为金属材料,其自由电子可以与电磁波产生强烈的相互作用。目前已经有几种经典的物理模型来描述金属的介电常数,常用的有 Drude 模型和 Lorentz 模型。此外,采用测试的方法还可以得到金属的介电常数特性。对于常见的几种金属材料,如金、银、铝、铜等,测试得到的相对介电常数结果如图 5.2 所示。如金属材料 Au,它在 632.8 nm 波长的折射率和消光系数分别为 0.181 和 3.068,对应的相对介电常数的实部(ε'_r)和虚部(ε''_r)分别为 -9.380 和 1.110,具有较低的损耗,是可见光波段常用的金属材料。由于不同的金属材料具有不同的低损耗波段,实际中要根据工作波长来选用相应的金属。另外,金属材料的稳定性也是需要重点考虑的因素。例如,纯净的 Ag 材料在可见光波段的理论损耗较低,但是在实际加工过程中,材料的氧化、镀膜的平整度都会给材料特性带来较大的影响。综合考虑各种因素,本研究加工的电磁表面均采用 Au 作为金属材料。

第二类为介质材料。介质材料一方面可以为电磁波的传播提供相位延迟,另一方面可以起到支撑的作用。常用的光学介质材料有氟化镁(MgF_2)、二氧化硅(SiO_2)、二氧化钛(TiO_2)等。在可见光波段,以上这几种材料的介质损耗近似等于 0。图 5.3 展示了氟化镁和二氧化硅在 200~1000 nm 波段范围内的相对介电常数的变化情况。对于 MgF_2 材料,它在 632.8 nm 波长的折射率和消光系数分别为 1.383 和 0,其相对介质常数为

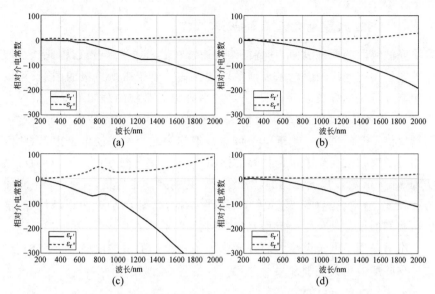

图 5.2　不同类型的金属材料的相对介电常数随波长的变化情况

（a）金（Au）；（b）银（Ag）；（c）铝（Al）；（d）铜（Cu）

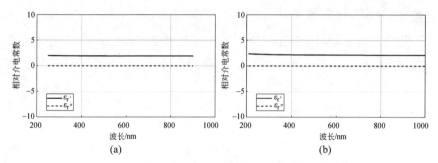

图 5.3　不同类型的介质材料的相对介电常数随波长的变化情况

（a）氟化镁；（b）二氧化硅

1.912，介质损耗接近 0。对于 SiO$_2$ 材料，它在 632.8 nm 波长的折射率和消光系数分别为 1.457 和 0，其相对介质常数为 2.123，介质损耗接近 0。

　　第三类为电磁功能材料，通常为一些可动态调节的材料，如液晶、半导体材料、电致变色材料、柔性可延展材料、光敏材料、石墨烯等。这些材料的应用，可以实现可调的光学电磁表面。

5.1.3　光波频段电磁表面的基本工艺

光波频段的电磁表面,其特征结构通常在微米或纳米量级,因此微纳加工工艺是实现光波频段电磁表面的必要手段。对于微米量级的图形,可以采用紫外曝光的方式进行加工。但是,紫外曝光系统的分辨率受到衍射的限制,目前还难以加工纳米尺度的微纳图形。电子束曝光技术为解决这一问题提供了新的思路。由于电子可以被聚焦为几个纳米的电子束,因此可以用电子束来改变光敏聚合材料的性质,形成极高分辨率的图形,目前可以实现 100 nm 特征尺度以内的特性图形。但需要注意的是,对于 100 nm 的特征尺度,通常只能加工较为简单的图形结构,如圆形结构、方形结构等,这也给我们的设计带来了一定程度的限制。

本书采用了电子束曝光的方式来加工所设计的微纳电磁表面结构,这在后续的章节中会详细介绍。

5.2　设　计　原　理

5.2.1　广义斯奈尔定律原理

传统的斯奈尔定律描述了均匀界面下反射角、透射角与入射角之间存在着固定的约束关系。而在 2011 年,哈佛大学 Capasso 教授研究团队在 *Science* 期刊上发文,提出广义斯奈尔定律(generalized Snell's law)。通过在界面处引入相位的不连续性,可以实现反射波束和透射波束传输方向的任意控制:

$$\sin\theta_r - \sin\theta_i = \frac{\lambda_0}{2\pi}\frac{\mathrm{d}\varphi}{\mathrm{d}x} \tag{5-1}$$

由式(5-1)可知,反射角度不仅受入射角度的影响,还取决于分界面处的相位渐变梯度。一般来说,对于确定的相位渐变梯度,相位变化只沿一个方向增加或递减,如图 5.4(a)所示。此时,一束入射光入射到相位梯度表面,会产生唯一方向的调制反射波束。特别地,对于 1 bit 相位量化情形来说,由于 0°相位和 360°相位具有等效关系,因此相位渐变梯度沿着相反的两个方向是等效的,如图 5.4(b)所示。此时,一束入射光入射到相位梯度表面,会产生两个方向的调制反射波束,并且反射角度与入射角度、相位梯度变化周期之间的关系如下:

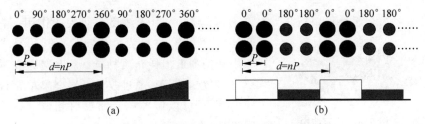

图 5.4　不同类型相位渐变梯度示意图

(a) 单向相位渐变梯度；(b) 双向相位渐变梯度

$$\theta_{r1} = \arcsin\left(\sin\theta_i + \frac{\lambda_0}{d}\right), \quad \theta_{r2} = \arcsin\left(\sin\theta_i - \frac{\lambda_0}{d}\right) \tag{5-2}$$

其中，θ_i 为入射角；λ_0 表示工作波长；d 表示相位梯度变化周期。因此，利用 1 bit 相位梯度的双向性，可以将入射波束分离为两束，达到光学分光的目的。

5.2.2　阵列天线原理

可见光分束器的设计原理可以从另一个角度来理解。由传统的阵列天线理论可知，对于一个周期为 P，相位分布为全 0° 或全 180° 的线阵，其主波束方向均垂直于单元布阵方向。当阵元间距大于半个工作波长时，根据阵列天线理论，该阵列有可能会出现栅瓣。传统上，人们认为栅瓣是有害的，是需要消除的。其实，栅瓣的出现可以通过合理设计加以有效利用。通过将两组 0° 和 180° 的阵列相互叠加，可以保留栅瓣波束，而主波束则由于两组单元表面电流反相而在远场被抵消，成为辐射零点。单元布局如图 5.4(b) 所示。其中，子阵内部单元周期为 P，子阵与子阵之间周期 $d=nP$，n 为子阵的单元周期数。当阵元间距大于半个工作波长时，在某些辐射角度可能产生栅瓣；当阵元间距大于一个工作波长时，则一定产生栅瓣，并且栅瓣出现的空间角度 θ 与单元周期 P 和子阵单元周期数 n 的关系为

$$\theta = \arcsin\left(\frac{m\lambda_0}{d}\right) = \arcsin\left(\frac{m\lambda_0}{nP}\right) \quad (m = \pm 1, \pm 2, \pm 3, \cdots) \tag{5-3}$$

因此，当阵列能消除主瓣，保留栅瓣时，可以将入射波束分离为两束具有同等强度的波束，达到光学分光的目的。

5.3　单元及阵列的设计与仿真

5.3.1　单元设计与仿真

本节提出的单元结构如图 5.5 所示，为一种金属-介质-金属型结构。

最下层为金属地板,材料为金(Au),起到将入射光波反射回去的作用;中间层为介质层,材料为氟化镁(MgF$_2$),是光学中常用的低损耗介质材料;最上层为金属单元,形状为圆形,通过改变上层金属单元直径的大小,可以调控单元的反射相位。该单元设计工作在可见光的红光波段,中心波长

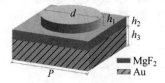

图 5.5　单元结构

为 632.8 nm。从单元结构形状可以看出,该单元为对称结构,是一种非偏振型单元。

综合考虑单元的工作频段、实际的加工精度和加工成本,所设计单元的周期 $P = 250$ nm,上层金属单元的厚度 $h_1 = 50$ nm,中间介质层的厚度 $h_2 = 50$ nm,下层金属地板的厚度 $h_3 = 130$ nm。在实际加工中,为了增加不同材料的结构层之间的黏合度,需要在氟化镁层和金层之间使用 5 nm 厚度的黏合层,材料可选用镍(Ni)或钛(Ti)。在 632.8 nm 工作波长下(474 THz),Au 的复介电常数 $\varepsilon_r = -14.4 - \mathrm{j}1.22$,MgF$_2$ 的相对介电常数为 1.90(折射率为 1.38,忽略损耗)。

采用电磁数值仿真软件 CST Microwave Studio 对所设计单元进行仿真,单元的相位和幅度响应分别如图 5.6 和图 5.7 所示。随着单元直径逐渐增大,相位曲线呈倒 S 形变化。当直径在 60~200 nm 变化时,单元相位的变化范围约为 210°。由于本书提出的超表面分束器为 1 bit 设计,因此只需具有 180° 的相位差异即可满足设计要求。从仿真结果可以看出,当单元直径分别为 80 nm 和 180 nm 时,反射相位分别为 −25° 和 −206°,恰好满足 180° 相位差的要求。另外,需要考虑的重要因素是单元的反射振幅,它直接影响阵列的工作效率和最终的光束分离效果。从仿真的反射振幅曲线可以看出,直径为 80 nm 和 180 nm 的单元的反射振幅均约为 0.8,意味着采用这两个尺寸的单元可获得较高的反射效率。

为了评估所设计单元的斜入射性能,本节通过数值仿真得到了单元在不同入射角下的相位和振幅曲线,结果如图 5.8 和图 5.9 所示。当入射角度从 0° 逐渐变化到 30° 时,直径为 80 nm 单元的相位响应由 −25° 变化到 −5°,直径为 180 nm 单元的相位响应保持不变。从幅度响应曲线可以看出,由入射角变化引入的幅度变化较小,尤其是对于 80 nm 和 180 nm 尺寸的单元,幅度响应变化微小。因此,所设计的超表面单元具有稳定的斜入射性能。

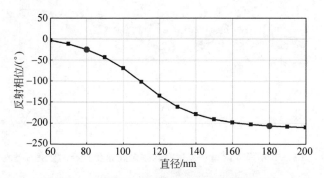

图 5.6　反射相位随金属单元直径的变化曲线

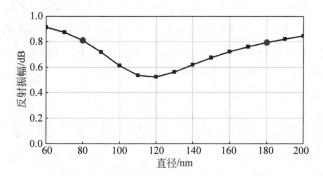

图 5.7　反射振幅随金属单元直径的变化曲线

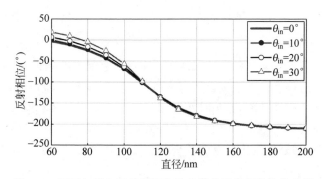

图 5.8　不同入射角下反射相位随金属单元直径的变化曲线

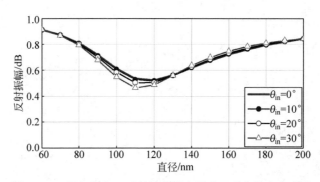

图 5.9 不同入射角下反射振幅随金属单元直径的变化曲线

5.3.2 阵列设计与仿真

本节使用所设计的超表面单元构成超表面阵列。阵列的排布方式为两列直径 80 nm 的单元和两列直径 180 nm 的单元间隔排列,也就是以 4 组单元为一个周期进行周期性排列。当入射光波垂直入射($\theta_i = 0°$),工作波长 $\lambda_0 = 632.8$ nm,相位梯度变化周期 $d = 1000$ nm($n=4; P=250$ nm)时,可计算理论的反射角度为 $\pm 39.26°$。即两束反射波束各偏离 z 轴方向 $39.26°$,在两侧呈对称分布。当斜入射时,根据理论公式,两束反射波束分别随着入射角的改变而动态变化,并且两者不再关于 z 轴对称。具体数值在表 5.1 中列出。

表 5.1 依据理论公式计算的反射角度 单位:(°)

入 射 角	0	5	10	15
反射波束 1(θ_{r1})	39.26	46.05	53.75	63.08
反射波束 2(θ_{r2})	39.26	33.07	27.33	21.96

为了验证理论公式的准确性,本节对超表面阵列的辐射方向图进行了数值计算。所设计的超表面阵列包含 64 万个单元,计算量巨大。为了降低计算量和提升计算效率,数值计算使用了一个小规模的阵列来作为算例,所计算的阵列大小为 15 μm×15 μm,包含 3600 个单元。为了计算超表面阵列的方向图,需要采用天线理论中阵列天线的辐射方向图的理论公式,使用 Matlab 进行计算。

在垂直入射时,计算的超表面阵列方向图如图 5.10(a)所示,由此可以看出,存在两个对称的笔形波束,意味着入射光波可以被分为两个对称的反射波束。计算的主波束的角度为 $\pm 39.21°$,与理论公式的 $\pm 39.26°$ 非常接近。

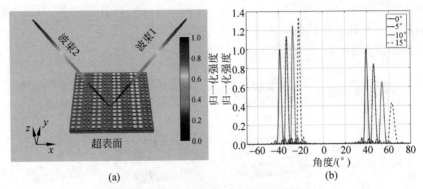

图 5.10　阵列全波仿真结果（见文前彩图）

(a) 垂直入射；(b) 斜入射

当斜入射时，计算的方向图如图 5.10(b)所示，主波束辐射方向在表 5.2 中列出。随着入射角逐渐增大，反射波束 1 的角度逐渐增大，反射波束 2 的角度逐渐减小。同时可以看出，反射波束 1 的角度增加的幅度要比反射波束 2 的角度减小的幅度更加显著。对于反射波束 1，随着角度增加，波束出射方向逐渐偏离 z 轴方向，波束宽度逐渐变宽，峰值减小。对于反射波束 2，随着角度减小，波束出射方向逐渐靠近 z 轴方向，峰值逐渐增大。

表 5.2　依据阵列天线理论计算的反射角度　　　单位：(°)

入　射　角	0	5	10	15
反射波束 1(θ_{r1})	39.21	45.96	53.60	62.84
反射波束 2(θ_{r2})	39.21	33.01	27.30	21.92

本节通过数值仿真的方法，验证了所提出的基于超表面相位调控技术的光学分束器设计。接下来，本书将通过加工实验的方法来验证所提出的设计概念。

5.4　实　验　验　证

5.4.1　样品微纳加工

5.4.1.1　微纳加工工艺介绍

样品加工在中国科学院苏州纳米技术与纳米仿生研究所完成。微纳加工过程采用电子束曝光（electron beam lithography，EBL）工艺，对所设计的超表面阵列进行样机加工。微纳加工步骤如图 5.11 所示，所需要的主要仪器如图 5.12 所示。

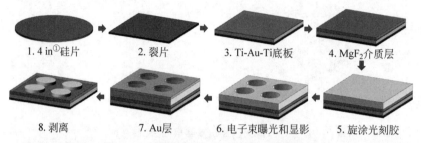

1. 4 in[①]硅片　　2. 裂片　　3. Ti-Au-Ti底板　　4. MgF$_2$介质层

8. 剥离　　7. Au层　　6. 电子束曝光和显影　　5. 旋涂光刻胶

图 5.11　样品微纳加工所涉及的主要步骤

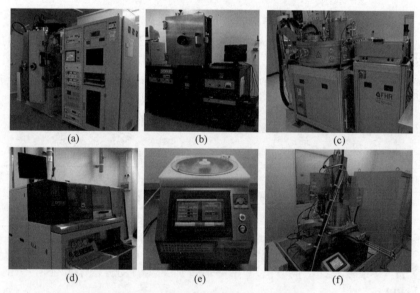

(a)　　　　　(b)　　　　　(c)

(d)　　　　　(e)　　　　　(f)

图 5.12　微纳加工所需要的主要仪器

(a) 光学镀膜机；(b) 电子束蒸发设备；(c) 磁控溅射设备；
(d) Disco 精密切割；(e) 匀胶机；(f) 电子束曝光机

微纳米加工步骤的具体描述如下。

Step 1：准备 4 in 硅片。

Step 2：裂片，将 4 in 硅片分裂为 2 cm×2 cm 的方形片，以适配后续的

---

① 1 in＝25.4 mm。

EBL 工艺。裂片过程使用 Disco 精密切割机,该设备通过砂轮高速旋转将 Si、Ge、SiC 等材料分割成一定大小的芯片,实现芯片分割的目的。裂片完成后,使用超声清洗硅片(依次使用丙酮-异丙醇-水,进行清洗)。

Step 3:制作金属地板:使用电子束蒸发镀膜设备,在硅片基底上依次蒸镀 5 nm 厚度的 Ti,130 nm 厚度的 Au,5 nm 厚度的 Ti,该过程可一次性完成。其中,上下两层 5 nm 厚度的 Ti 均用作黏附层。

Step 4:制作介质层,使用光学镀膜机设备,加工 50 nm 厚度的 MgF_2 薄膜。

Step 5:旋涂光刻胶,选用 PMMA A4 光刻胶,使用匀胶机进行旋涂。涂胶前要对基片进行 HDMS 预处理,以增加光刻胶与基片的黏附性。旋涂选用速率 600 r/min 旋转 3 s,然后 4000 r/min 旋转 30 s。旋涂完成后,将基片放置在烘干机上进行烘干,条件为 180℃烘烤 90 s。最后,需要在光刻胶表面溅射一层 10 nm 厚度的 Cr,以增加导电性,为后续的电子束曝光做准备。

Step 6:电子束曝光和显影,使用电子束曝光机(EBL)进行曝光。曝光完成后,先使用 Cr 腐蚀液去除 Cr 层,然后进行显影,在显影液(四甲基二戊酮:异丙醇=1:3)中浸泡 100 s,最后定影,在异丙醇溶液中浸泡 30 s。为了完全去除底部的残胶,需要用打胶机将残胶去除,条件为 200 W 运行 2 min。

Step 7:制作上层金属单元层,使用电子束蒸发镀膜设备,依次蒸镀 5 nm 厚度的 Ni 和 50 nm 厚度的 Au,其中 Ni 用作 Au 层和 MgF_2 层之间的黏附层。

Step 8:剥离,光刻工艺的最后一步。剥离时,将样片放入丙酮中,充分浸泡,待胶层分离后,可使用滴管辅助,完成剥离过程。至此,样片的加工流程即可完成。

5.4.1.2　曝光剂量与曝光面积的影响与选择

实验加工目标是:大圆直径 180 nm,小圆直径 80 nm。首先,采用 180 nm 和 80 nm 尺寸的版图进行曝光,曝光剂量选用 350 $\mu C/cm^2$,如图 5.13(a)所示,实际加工的图形尺寸大大超过了设计尺寸。原因是,电子束流并不是理想的点,而是存在一定程度扩散的斑点,会对周围的光刻胶产生曝光效应,这种现象称为邻近效应。考虑邻近效应的影响,我们将所设计的曝光版图的尺寸缩小。如图 5.13(b)所示,设计版图尺寸为 136 nm 和 60 nm,曝光剂量选用 550 $\mu C/cm^2$,实际加工的微纳结构的形状和完整性较好,实际加工尺寸为 200 nm 和 110 nm,比设计图形略微偏大。若将曝光版图的尺寸进一步缩小至 120 nm 和 50 nm,可以实现接近理想的 180 nm 和 80 nm 的尺寸,但是此时存在部分图形脱落。

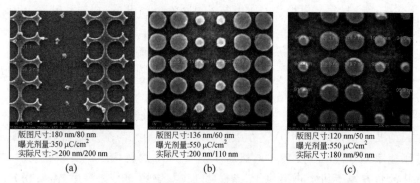

| (a) | (b) | (c) |

图 5.13　不同曝光剂量和曝光面积下的图形尺寸变化情况

　　总的来说,要实现所设计的图形尺寸,通常需要同时优化曝光剂量和曝光图形的面积,通过两者的合适组合,达到理想的实际加工尺寸。

5.4.1.3　最终样品加工结果

　　经过完整的加工工艺流程,实验最终获得了加工的超表面样品。该样品的曝光版图尺寸为 136 nm 和 60 nm,曝光剂量选用 550 $\mu C/cm^2$。图 5.14 展示了加工样品的实物图和在扫描电子显微镜(SEM,FEI,Quanta 400 FEG)下的放大图。超表面阵列的尺寸为 200 $\mu m \times$ 200 μm,单元周期为 250 nm,整个超表面阵列包含 640 000 个单元结构。从 SEM 的测量结果可以看出,实际加工的图形尺寸为 110 nm 和 200 nm,与所设计的 80 nm 和 180 nm

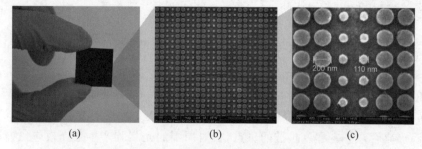

| (a) | (b) | (c) |

图 5.14　最终加工的微纳样品

(a) 使用光学相机拍摄的实物样品;(b) 使用扫描电子显微镜拍摄的微纳结构局部放大图(50 000×);
(c) 使用扫描电子显微镜拍摄的微纳结构局部放大图(200 000×)

存在 20~30 nm 的加工误差。由于超表面阵列需要的是两种类型的单元提供 180° 的相对相位差，对绝对的相位数值并没有要求，因此，一定范围的加工误差是可以接受的。

5.4.2　实验测试与结果分析

为了实验测试超表面样品的实际性能，实验搭建了测试光路，光路示意图和实物图分别如图 5.15 和图 5.16 所示。超表面样品固定在夹具上，底部是精密位移台、俯仰调节台和方位角调节台，保证来自激光器的入射光波垂直入射到超表面样品上。激光器采用的是氦氖激光器（THORLABS，HNLS008R, 2 mW, 632.8 nm）。由于所设计的超表面是非偏振的，因此无须调整激光器的偏振方向。实验分别使用了光功率探测器（THORLABS，PM120D, 50 nW 至 50 mW）和 CCD 相机（QHY 163M, 像素尺寸 3.8 μm×3.8 μm, 4656×3522 像素）对反射波束进行探测。光功率探测器只用来探测反射波束的总能量，CCD 相机可以测量每一个像素处的光强数值。激光器距离样品 200 mm，CCD 相机距离样品 150 mm。

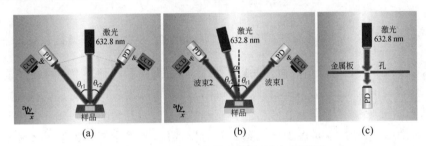

图 5.15　实验测试装置示意图（见文前彩图）

（a）垂直入射测试装置；（b）斜入射测试装置；（c）工作效率测试装置

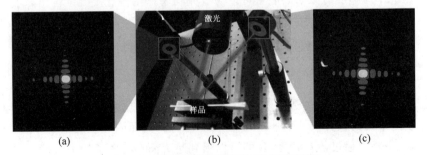

图 5.16　实验测试装置实物（见文前彩图）

（a）使用 CCD 拍摄的反射波束 2 的能量分布；（b）搭建的实验测试装置；

（c）使用 CCD 拍摄的反射波束 1 的能量分布

　　首先,实验获得了使用 CCD 相机拍摄的反射波束的能量分布结果,如图 5.16(a) 和(c) 所示。从结果可以看出,反射波束的能量分布呈现经典的矩形孔径衍射斑,因为所加工的超表面样品为矩形。衍射斑的中心能量最强,其归一化一维截面结果如图 5.17 所示。测量的反射波束 1 的半功率波束宽度(HPBW)为 0.162°(39.158°～39.320°),反射波束 2 的半功率波束宽度(HPBW)为 0.164°(-39.324°～-39.160°)。两个反射波束的波束宽度均非常窄,因为在可见光波段波长短,超表面阵列所对应的电尺寸大。

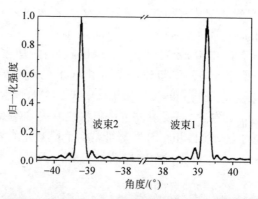

图 5.17　垂直入射下使用 CCD 相机拍摄的两个反射波束的一维截面

　　然后,实验测试超表面样品的反射效率。由于超表面样品的实际有效尺寸为 200 μm×200 μm,因此需要首先知道实际接收的入射光的能量数值。本实验中使用了一个打孔金属板遮挡光源,开孔大小恰好等于超表面的大小。将打孔金属板放置在超表面的位置处,光功率探测器紧贴着小孔放置。因此,通过测量通过小孔的光波的能量数值,即可知道实际的入射光的能量。两个反射波束的能量可以通过光功率探测器直接测量得出。实验数据显示,入射波的能量为 13.360 μW,两个反射波束的能量分别为 1.350 μW 和 1.362 μW。因此,超表面在垂直入射下实测的反射效率为 20.30%。工作效率的损失源于多个方面,包括 1 bit 相位离散误差的影响、材料的损耗、纳米尺度的加工误差及测试误差等。

　　接下来,本节通过数值仿真来评估加工误差对反射效率的影响。因为超表面单元的设计尺寸为 80 nm 和 180 nm,而实际的加工尺寸为 110 nm 和 200 nm。通过仿真计算,我们可以得到超表面在考虑了加工误差情况下的理论辐射方向图,如图 5.18 所示。结果表明,超表面仿真产生了一个较强能量的镜像反射波束,该镜像波束可直接降低超表面的工作效率。另外,

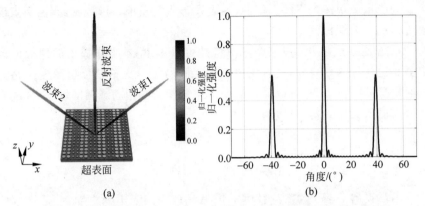

图 5.18 仿真的考虑加工误差的超表面的辐射方向图（见文前彩图）

超表面单元的直径分别设置为实际加工尺寸 110 nm 和 200 nm

加工误差虽然降低了超表面的工作效率,但是其分束效果仍然保持不变,两束光的偏离角度仍然保持原来的设计结果。

最后,实验测试了超表面分束器在斜入射激励下的工作特性。超表面在斜入射下展现了不同于垂直入射的独特性能。本实验分别测试了 5°,10°,15° 三种不同入射角的结果,测试结果如图 5.19 所示。当斜入射角从 0°逐渐增加到 15°时,反射波束 1 的角度由 39.25°逐渐增加到 63.25°,反射波束 2 的角度由 39.25°逐渐减小至 22.39°。因此,通过改变入射角度,可以动态地调节反射角度。两束反射光的能量也会随着入射角度的变化而变化。当斜入射角度逐渐增大时,反射波束 1 的能量逐渐略微增强,而反射波

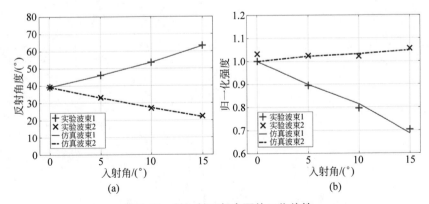

图 5.19 斜入射下超表面的工作特性

（a）两束反射光的角度变化；（b）两束反射光的能量分配比例变化

束 2 的能量较快速地下降。因此,通过调节入射角度,可以动态调控两束反
射光的能量分配比例。

从超表面分束器的斜入射工作特性可以看出,本工作提出的超表面分
束器相比传统的分束器,具有更灵活的工作特性。无论是反射角度还是分
束的能量分配比例,都可以通过改变入射角度来实现动态调节,这是传统光
学分束器所无法具备的性能。

5.5　本 章 小 结

本章提出了基于超表面技术的可见光波段的光学分束器,并通过数值
仿真和实验测试验证了所提出的概念。该超表面分束器具有非偏振的工作
特性,可以对同频率、同极化的入射光波实现有效分离。此外,本书提出的
超表面分束器具有灵活的工作特性,通过改变入射光的角度,可以动态地调
控反射波束的反射角度和两束光的能量分配比例。相对传统的分束器,它
还具有平面、超薄 (240 nm)、面积小(200 μm $\times$ 200 μm)的优势,非常符合
未来光学系统对器件的要求,有利于实现光学系统的小型化和集成化。

第 6 章 　光波频段电磁表面极化
转换调控技术研究

6.1 　本 章 引 言

　　第 5 章基于电磁表面同极化相位调控技术,验证了光学电磁表面对光束偏折的作用。此外,电磁表面的变极化相位调控技术也尤为重要,其结构简单、调相范围充足的优势,可帮助实现新型的高性能超透镜。

　　透镜,在几乎所有复杂光学系统中都是极其关键的器件,且在光学系统中起着重要作用。传统的光学透镜,通过光波在传播过程中相位的累计达到光线汇聚的目的,其聚焦特性取决于透镜表面的曲率和材料的折射率。由于曲率和材料折射率的限制,传统光学透镜的体积庞大,加工困难且功能受限,限制了它在现代集成光学中的应用。基于超表面原理实现的超透镜通过对入射光产生相位突变来实现对光线的汇聚,其焦距大小取决于所设计的相位分布,可突破传统光学透镜中曲率和材料折射率对焦距范围的限制。因此,超透镜有望获得比传统光学透镜更优的聚焦特性。本章的研究将基于光学电磁表面的极化转换相位调控技术,实现高性能的单层聚焦透镜,进而将单层透镜进行级联,实现单片集成的光学系统。

6.2 　反射式聚焦透镜研究

6.2.1 　本节引言

　　目前针对光学超透镜的研究,主要集中于提升透镜的聚焦性能,包括增加透镜的带宽,提升透镜的数值孔径等。2016 年,哈佛大学 Capasso 团队成功研制出了基于 TiO_2 材料的可见光波段的平面聚焦透镜,获得了与传统透镜聚焦性能相当的光学超透镜[107]。但是,该透镜的数值孔径只有0.8,分辨率有限。为了进一步提升超透镜的数值孔径,中山大学 Zhibin

Fan 等提出了基于氮化硅(SiN)材料的平面超透镜设计[108]。该透镜由一系列 695 nm 高的氮化硅纳米柱组成,数值孔径为 0.98,可以实现 0.58λ 的聚焦光斑。另外,中山大学 Haowen Liang 等提出了基于晶体硅(c-Si)材料的平面超透镜设计[109]。该透镜由一系列 500 nm 高的硅纳米柱组成,数值孔径为 0.98,可以实现 0.52λ 的聚焦光斑。由此,介质材料实现的超透镜已达到了接近 1 的数值孔径。但是,由于介质型超透镜的单元结构通常较厚(数百纳米),深宽比很高,不管采用 Top-down 还是 Bottom-up 工艺技术,都将面临很大的挑战。而使用金属材料实现低深宽比的高数值孔径超透镜,具有剖面低、加工简单、成本低等优势,但是目前相关研究较少。因此,需要对金属型高数值孔径超透镜进行进一步的研究。

　　本章提出了一种基于金属材料的可见光波段高数值孔径平面聚焦透镜设计。该透镜由反射式的旋转单元组成,单元结构只有 60 nm 的厚度,可以采用成熟的电子束曝光-剥离工艺制作而成。该透镜的直径为 500 μm,焦距为 121 μm,数值孔径达到了 0.9,以期待获得更高的透镜分辨率性能。

6.2.2　设计原理

　　超透镜的关键设计思想是以特定排布的单元结构,在表面上形成特定的相位分布,以实现对光波的聚焦。利用光程差公式,设计每个位置的单元需要满足的相位条件为

$$\varphi(x,y) = \frac{2\pi}{\lambda}\left(f - \sqrt{x^2 + y^2 + f^2}\right) \tag{6-1}$$

其中,λ 为工作波长;x 和 y 为每个单元的二维坐标;f 为超透镜的焦距。为实现超透镜的相位分布条件,需要在二维阵面的每个位置设计特定的超表面单元,超表面单元提供所需的反射相位。

　　本工作采用反射式超表面设计。超表面单元采用单元旋转法调控相位,其工作原理与微波中的单元旋转法相同,在光学中通常称为几何相位(PB 相位),所需的单元条件是:单元在两正交方向的反射相位差为 180°,反射振幅相等且近似等于 1。之所以采用单元旋转法,是因为该方法有两方面的优势:

　　(1)单元电磁响应特性,通过旋转可获得线性的 360° 相位范围,振幅保持稳定;

　　(2)单元几何结构特性,单元只有旋转方向不同,而几何尺寸大小完全相同,可以降低微纳加工的难度(涉及曝光剂量的选择及版图尺寸的设计)。

6.2.3　反射式电磁表面设计与仿真

6.2.3.1　单元设计与仿真

单元结构采用经典的金属型反射式设计,如图 6.1 所示。该单元由三层结构组成,最下层是金属材料 Au,作为底部反射层。中间层是光波频段常用的介质材料 MgF_2。上层是由金属材料 Au 制作形成的纳米天线结构。具体的结构参数在表 6.1 中列出。实验使用商业电磁仿真软件 CST 对所设计的单元进行数值仿真。单元仿真采用周期性边界条件(PBC)和平面波激励,以模拟无限大周期阵列环境下单元的幅度和相位响应。

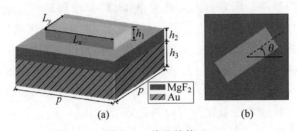

图 6.1　单元结构

(a) 三维立体图;(b) 俯视图

表 6.1　单元结构参数数值　　　　单位:nm

参　　数	p	L_x	L_y	h_1	h_2	h_3
数　　值	360	260	90	60	90	130

图 6.2 是仿真得到的反射振幅与反射相位结果。入射光波采用右旋圆极化,根据旋转单元的调相原理,反射光波也是右旋圆极化。单元旋转沿逆时针方向。从图 6.2 可以看出,所设计的单元具有较高的反射效率,反射振幅约为 0.8,在单元旋转的过程中基本保持不变。通过在 0°~180°范围内旋转单元,可以实现线性的 360°调相范围。

由于本研究的设计目标是实现高数值孔径平面聚焦透镜,那么就要求所设计的超表面透镜具有非常小的焦径比,也就意味着在超透镜的边缘位置处,单元的斜入射角度较大。因此,超表面单元是否具有良好的斜入射工作特性,是设计成功与否的关键。图 6.3(a)是仿真得到的单元在斜入射条件下的相位响应结果。本实验数值仿真了超表面单元在入射角在 0°~50°

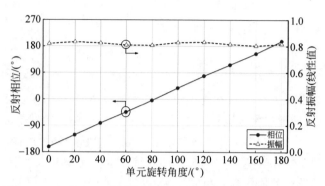

图 6.2 单元在垂直入射下的仿真结果

范围内变化的结果。随着斜入射角度逐渐增大,反射相位差呈逐渐增大的趋势,相位曲线的非线性特征增强。在单元的旋转角度为 60°时,单元在垂直入射时的相位与斜 50°时的相位存在最大的相位差为 85°。在其他旋转角度时,斜入射所引入的相位差通常在 60°以内。由于超表面阵列对单元的相位存在一定的容差能力,因此该水平的斜入射特性可以满足实际的阵列设计需要。后续的全波仿真可以对此进行验证。

图 6.3(b)是仿真得到的单元在斜入射条件下的反射振幅结果。随着斜入射角度逐渐增大,反射损耗呈逐渐增大的趋势。在单元的旋转角度为 160°时,单元在垂直入射时的反射振幅与斜 40°时的反射振幅存在最大的幅度差异,单元的反射振幅由垂直入射时的 0.80 降至斜 40°时的 0.32。对于超表面聚焦透镜来说,单元反射振幅的降低主要影响超表面阵列的反射效率,对聚焦光斑大小的影响不大。

6.2.3.2 阵列设计与仿真

当超表面单元设计完毕以后,本节将它组阵构成超表面阵列,并用数值仿真的方法评估阵列的工作特性。为了减小计算量,用作数值仿真的阵列设计为圆形口径,直径为 12 μm,超表面单元的周期为 360 nm。实验分别仿真了焦距等于 4.8 μm、3.6 μm 和 3.0 μm 三种不同焦径比的情形,对应的焦径比分别为 0.4、0.3 和 0.25。图 6.4(a)展示了当焦径比等于 0.25 时,阵面上所需的补偿相位分布。根据所设计单元的反射相位与旋转角度之间的关系,可以确定阵面上每个单元的旋转角度。

图 6.5 是实验设计的不同焦径比的超透镜使用全波仿真的方法所得到的聚焦光斑结果。仿真时采用平面波激励,入射波的极化为 RHCP,反射

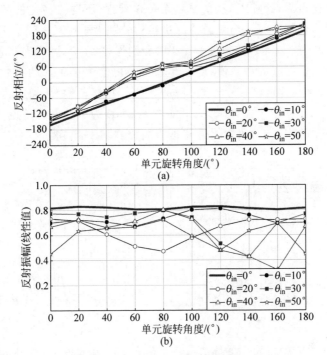

图 6.3　单元斜入射仿真结果

(a) 反射相位；(b) 反射振幅

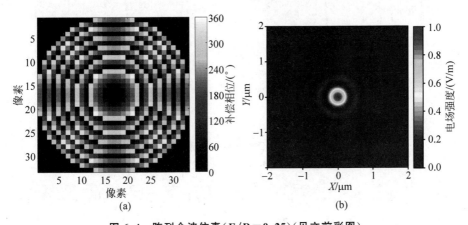

图 6.4　阵列全波仿真（$F/D = 0.25$）（见文前彩图）

(a) 阵面上所需的补偿相位分布；(b) 仿真的焦平面处的聚焦光斑结果

波的主极化也为 RHCP。从仿真结果可以看出,不同焦径比的超透镜均获得了预期的聚焦光斑。当超透镜的焦径比分别为 0.4、0.3 和 0.25 时,仿真的聚焦光斑的半功率波束宽度(HPBW)分别为 380 nm、340 nm 和 320 nm,已非常接近衍射极限的理论值,验证了所设计的超表面单元的有效性。可以发现,随着焦径比逐渐减小,超透镜的数值孔径逐渐增大,超透镜所实现的聚焦光斑尺寸逐渐减小,对比结果如图 6.5(d)所示。也就是说,实验设计的低焦径比的超透镜,可以提升超透镜的分辨率。

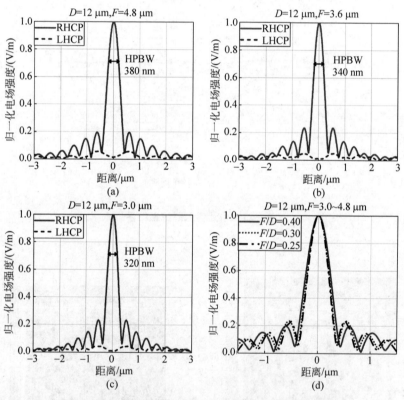

图 6.5 全波仿真的不同焦径比超透镜的聚焦光斑结果

(a) $F/D=0.4$;(b) $F/D=0.3$;(c) $F/D=0.25$;(d) 对比结果

6.2.4 实验验证

6.2.4.1 样品微纳加工

为了实验验证设计的有效性,本实验使用微纳加工工艺制作超表面样品,进行实验测试。需要加工的超表面单元如图 6.1 所示,为三层的金属-介质-金属型结构。由于图形尺寸在纳米量级,因此需要使用高精度的电子束曝光工艺进行制造。所设计的超透镜阵列为圆形口径,直径为 500 μm,焦距为 125 μm。单元周期为 360 nm,整个阵列包含 1 514 996 个呈周期性分布的单元结构。

　　样品加工在中国科学院苏州纳米技术与纳米仿生研究所完成。主要加工步骤如图 6.6 所示,包含镀膜(包括金属镀膜和介质镀膜)、涂胶、电子束曝光、显影和剥离等步骤。经过完整的加工工艺流程,实验最终获得了加工的超表面样品。加工样品在扫描电子显微镜(SEM,FEI,Quanta 400 FEG)下的放大图如图 6.6(b)所示。整个阵列由尺寸大小相同、旋转方向不同的矩形纳米棒单元组成,阵列的直径为 500 μm,单元的排布周期为 360 nm。从 SEM 的测量结果可以看出,实际加工的图形的长和宽分别为 210 nm 和 85 nm,与理想的 260 nm 和 90 nm 存在一定的加工误差。由于利用单元旋转法调控相位,单元反射相位值的相对值只与旋转角度有关。因此,即使存在加工误差,整个阵列的相对相位分布仍然保持不变,加工误差影响的只有反射效率。

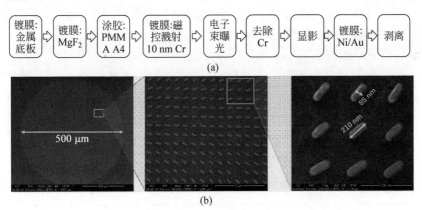

(a)

(b)

图 6.6　超表面样品加工步骤及加工的实物样品

(a) 反射式超表面的微纳加工主要流程;(b) 使用扫描电子显微镜拍摄的微纳结构局部放大图

　　本节利用数值仿真方法,对实际加工的超表面单元的工作特性进行研究,以评估加工误差的影响。仿真时,单元的长和宽分别设置为实际加工尺寸 210 nm 和 85 nm。图 6.7 是仿真的单元反射相位和反射振幅结果。可以看出,随着单元旋转,该单元依然具有线性的相位曲线,覆盖 360°的相位范围。反射振幅约为 0.8,并且在旋转过程中保持稳定,与理想尺寸单元的反射振幅结果近似一样。因此,由加工误差引起的单元性能改变,在可以接受的范围之内。

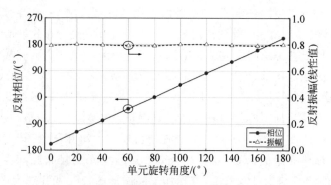

图 6.7　实际加工单元的仿真结果

单元的长和宽分别为 210 nm 和 85 nm

6.2.4.2　实验测试与结果分析

为了实验测试超表面聚焦透镜的实际聚焦效果,实验搭建了测试光路,光路示意图和实物图分别如图 6.8 和图 6.9 所示。

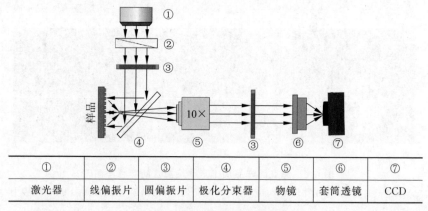

①	②	③	④	⑤	⑥	⑦
激光器	线偏振片	圆偏振片	极化分束器	物镜	套筒透镜	CCD

图 6.8　测试光路示意图

实验中,激光器采用的是氦氖激光器(THORLABS,HNLS008R,2 mW,632.8 nm)。因为待测样品要求圆偏振入射,所以从激光器发出的光要分别经过线偏振片(极化偏振片)、圆偏振片(四分之一波片)两级玻片的作用,产生纯净的圆极化入射波。由于所设计的超表面聚焦透镜为反射

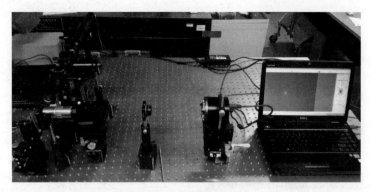

图 6.9　测试光路实物

式,所以需要极化分束器将入射光路和反射光路分离到正交的两个方向上,以保证互不干扰。超表面样品固定在夹具上,底部是手动式精密位移台。由于超透镜的焦距很近(125 μm),而极化分束器的体积较大(15 mm×15 mm×15 mm),所以需要长工作距离的物镜,以实现对焦平面的成像。本实验使用三丰公司的超长工作距离物镜 M Plan Apo(20×,NA=0.42,WD=20 mm)。由于焦点很小,直接观测存在困难,所以本实验设计了放大装置将光斑进行放大。放大装置由物镜和套筒透镜(Tube lens)组成,形成了20 倍的放大能力。本实验还使用了 CCD 相机(QHY 163M,3.8 μm×3.8 μm)对聚焦光斑进行成像。

图 6.10 是实验测试的超透镜聚焦光斑能量分布结果,可以看出,图中形成了一个形状对称的圆形光斑。测试的聚焦光斑尺寸(HPBW)为1.7 μm,与理论设计值和全波仿真的结果相比,实测的聚焦光斑尺寸偏大。

本节接下来将分析超透镜的实测光斑尺寸偏大的原因,首先,这主要是由测试误差造成的,有两方面的原因:一方面,测试系统的分辨率低于超透镜的分辨率,所设计的超透镜数值孔径为 0.9,而测试光路中使用的显微物镜的数值孔径只有 0.42,因此,测试光路的理论极限分辨率只有 753 nm;另一方面,测试系统的位移精度不够,在实验中,使用手动位移台对聚焦光斑的位置进行移动,其位移精度在微米量级,因此,测量的焦平面与实际的焦平面可能存在一定的位置偏差,实验未测得最佳位置处的聚焦光斑结果。如果改进实验测试装置,采用高数值孔径的显微物镜和高精度的位移台,预计可获得更准确的测试结果。另外,由于在纳米尺度加工超表面难度较大,样品在加工过程中存在一些不确定性因素,因此实际的加工样品与理论设计可能存在一定偏差,最终会对超透镜的聚焦效果产生影响。

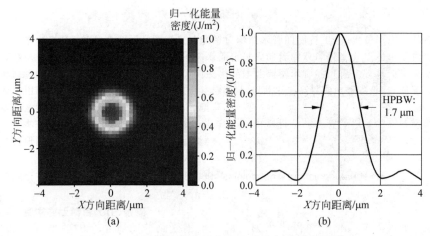

图 6.10　实验测试的聚焦光斑强度分布（见文前彩图）

（a）二维分布；（b）一维分布

6.2.5　本节小结

本节基于极化转换的相位调控原理，提出了一种金属型可见光波段高数值孔径平面聚焦透镜设计，主要解决了大斜入射角超表面单元的设计、超表面的微纳加工，反射型超透镜的测试等难题。所设计的超透镜由反射式的旋转单元组成，通过单元旋转实现 360° 的线性相位调控范围。单元结构只有 60 nm 的厚度，可以采用成熟的电子束曝光-剥离工艺制作而成。该透镜的直径为 500 μm，焦距为 125 μm，数值孔径为 0.9，理论上可在 632.8 nm 光波照射下实现 330 nm 大小的聚焦光斑。实验使用微纳加工工艺制作了超透镜样品进行实验测试，受限于实验条件，目前测试的聚焦光斑的尺寸为 1.7 μm，后续可通过改进实验测试条件获得更准确的测试结果。由于该透镜具有纳米级的物理厚度，体积小，质量轻，集成度高，相信在未来的芯片级集成化光路中，具有良好的应用前景。

6.3　透射式聚焦透镜研究

6.3.1　本节引言

6.2 节介绍了反射式高数值孔径聚焦透镜的研究结果。虽然设计的超透镜具有较高的数值孔径，但实际测试的聚焦光斑尺寸与理论设计和仿真结果存在一定差距,主要原因是测试系统的分辨率小于所设计的超透镜的分辨率。由于反射式超透镜的测试需要使用长工作距的显微物镜,而长工作距的显微物镜的数值孔径较小,对于常规的显微物镜,其工作距与数值孔径是互相约束的关系,通常数值孔径越大,工作距较小,因此,难以找到大数值孔径且长工作距的显微物镜。为了解决这一问题,需要设计透射式的高数值孔径超透镜。透射式的超透镜,其透射光与入射光在超透镜的两侧,不存在两者互相干扰的问题,降低了对显微物镜的工作距的要求,可以方便地采用高数值孔径的显微物镜进行测试。此外,在实际的应用中,透射式的超透镜比反射式超透镜具有更加广泛的应用范围,设计透射式的超透镜具有重要的现实意义。

　　本节基于极化转换的相位调控原理,提出了透射型高数值孔径超透镜设计,工作于可见光波段($\lambda = 632.8$ nm),主要解决了大斜入射角透射式超透镜单元的设计、超透镜的微纳加工、高数值孔径超透镜的测试等难题。

6.3.2　透射式电磁表面设计与仿真

　　本研究要求采用透射式超表面设计。超表面单元采用单元旋转法调控相位,其工作原理与微波频段中反射阵列天线和透射阵列天线中广泛应用的单元旋转法相同。在光学频段中,采用单元旋转来调控的相位通常称为几何相位,又称为 PB 相位。

　　本节根据旋转单元的相位调控原理,设计了合理的单元形式来满足所需的单元条件,以实现透射相位调控。仿真设计了两种互补的设计形式,Patch-型和 Slot-型单元,如图 6.11 所示。单元由单层金属结构组成,Patch-型单元为独立的纳米棒式结构,单元之间互相隔离;而 Slot-型单元为槽类型单元,单元之间互相连通。考虑到电子束曝光加工时的邻近效应,

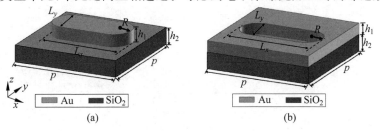

图 6.11　单元结构示意图

(a) Patch-型单元;(b) Slot-型单元

直角型结构加工困难,因此单元的两端设计为半圆形状。单元的下层为 SiO_2 玻璃基底,用于承载微纳结构单元。

使用商业电磁仿真软件 CST 对所设计的单元进行数值仿真。单元仿真采用周期性边界条件(PBC)和平面波激励,以模拟无限大周期阵列环境下单元的幅度、相位响应。经过优化仿真,我们可以得到单元的最佳几何参数数值,在表 6.2 中列出。

表 6.2 单元结构参数数值   单位:nm

单元类型	p	L_x	L_y	h_1	h_2	R
Patch-型	320	260	120	80	100	60
Slot-型	320	250	140	100	100	70

图 6.12 是仿真得到的 Patch-型和 Slot-型两种类型单元的透射振幅和透射相位结果。入射光波采用右旋圆极化,单元旋转沿逆时针方向,根据透射式旋转单元的调相原理,透射光波为左旋圆极化。从仿真的相位曲线可

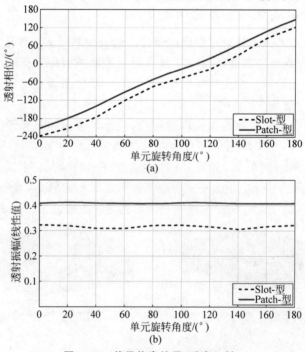

图 6.12 单元仿真结果(垂直入射)

(a) 透射相位;(b) 透射振幅

以看出,当单元旋转角度从 0°变化到 180°时,Patch-型单元的透射相位变化范围为-212°~148°,Slot-型单元的透射相位变化范围为-237°~123°,均可覆盖 360°的相位范围。此外,从相位曲线的线性度可以看出,Patch-型单元的线性度更好,更符合理想的相位变化与旋转角度间的 2 倍约束关系。从透射振幅曲线可以看出,当旋转角度为 0°时,Patch-型和 Slot-型单元的透射振幅分别为 0.41 和 0.32。在单元旋转的过程中,Patch-型单元的透射振幅基本保持不变(幅度波动小于 0.002),而 Slot-型单元的透射振幅有小幅的波动(幅度波动约为 0.02)。

本研究的设计目标是实现透射式的高数值孔径超透镜,要求所设计的超透镜具有非常小的焦径比。那么,在超透镜的边缘位置处,单元的斜入射角度较大。因此,超表面单元是否具有良好的斜入射工作特性,是设计成功与否的关键。图 6.13 是仿真得到的 Patch-型单元在斜入射条件下的幅度和相位响应结果,数值仿真了超透镜单元在入射角在 0°~30°范围内变化时的结果。可以看出,当旋转角度在 0°~90°范围内时,透射相位响应受入射角变化

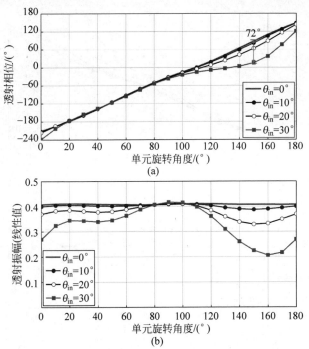

图 6.13　斜入射条件下 Patch-型单元仿真结果

(a) 透射相位;(b) 透射振幅

的影响较小；而当旋转角度在 90°～180°范围内时，透射相位响应受入射角变化的影响较大。具体表现为随着斜入射角度逐渐增大，透射相位差呈逐渐增大的趋势，相位曲线的非线性特征增强。在单元旋转角度为 150°时，最大相位误差达到了 72°。从斜入射条件下的透射振幅结果可以看出，随着斜入射角度逐渐增大，透射损耗呈逐渐增大的趋势。特别地，在单元旋转角度为 160°时，单元的透射振幅由垂直入射时的 0.41 降至 30°斜入射时的 0.21。

　　图 6.14 是仿真得到的 Slot-型单元在斜入射条件下的幅度和相位响应结果，数值仿真了超透镜单元在入射角在 0°～30°范围内变化时的结果。可以看出，随着斜入射角度逐渐增大，透射相位差呈逐渐增大的趋势，相位曲线的非线性特征增强。在单元旋转角度为 120°时，最大相位误差达到了127°。从斜入射条件下的透射振幅结果可以看出，随着斜入射角度逐渐增大，透射损耗呈逐渐增大的趋势。特别地，在单元旋转角度为 120°时，单元的透射振幅由垂直入射时的 0.32 降至 30°斜入射时的 0.13。

　　Patch-型和 Slot-型两种类型单元的仿真结果对比表明，从单元的透射

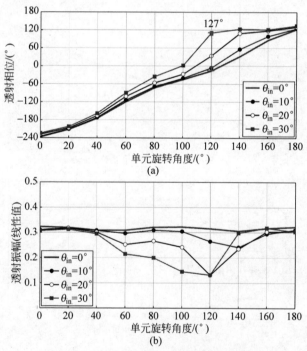

图 6.14　斜入射条件下 Slot-型单元仿真结果

（a）透射相位；（b）透射振幅

效率、单元旋转稳定性和单元的斜入射特性等方面,Patch-型单元均优于Slot-型单元。因此,本设计方案采用 Patch-型单元形式。

　　由于单元的特征尺寸在纳米量级,因此需要使用微纳加工工艺进行加工,而纳米尺度的加工误差难以避免。因此,单元需要具有较好的鲁棒性,以保证当加工误差在一定范围内时单元仍可以正常工作。图 6.15 是Patch-型单元的敏感性分析结果,即在单元几何尺寸变化时透射振幅和透射相位的变化情况。实验分别仿真研究了单元在长度(L_x)、宽度(L_y)和

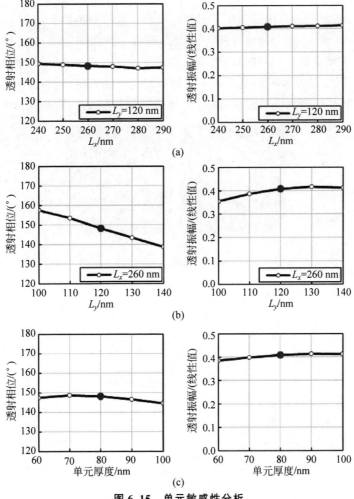

图 6.15　单元敏感性分析

(a) 长度 L_x 变化;(b) 宽度 L_y 变化;(c) 厚度 h 变化

厚度(h_1)3个参数变化时的结果。仿真时控制单一变量,当长度变化时,设置宽度和厚度为理想值。从仿真结果可以看出,单元的长度和厚度变化时,对单元的透射相位和透射振幅影响较小。当单元的宽度变化时,单元响应特性变化明显。当单元的宽度每变化 10 nm 时,透射相位大约变化5°,透射振幅大约变化 0.015。需要指出的是,由于采用单元旋转的方式调控相位,相对相位数值只与相对的旋转角度有关,因此,只要保证单元加工的一致性,单元的绝对相位数值的变化并不会影响阵列的相对相位分布。

此外,本节通过仿真对比了不同边角单元的透射振幅和透射相位特性。如图 6.16 所示,单元边角设计可采用弧形和方形两种设计。仿真时,两种类型的单元设置为相同的长度、宽度和高度。从图 6.17 所示的仿真结果可以看出,弧形边角单元具有更好的旋转稳定性。随着单元旋转,弧形边角单元的透射相位曲线线性变化,透射振幅曲线保持稳定;而方形边角单元的

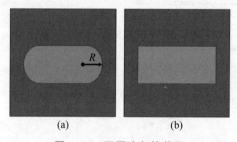

(a)　　　　　　　　　　(b)

图 6.16　不同边角的单元

(a) 弧形边角;(b) 方形边角

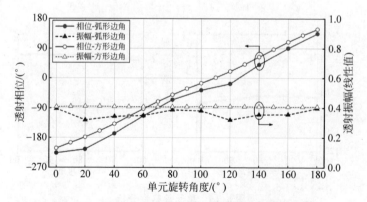

图 6.17　不同边角类型单元的透射相位和透射振幅

透射相位曲线的线性度差,透射振幅波动较大。这种差异可能是由单元的准周期性造成的。单元旋转法调控相位有一个假定的条件是:当单元旋转时,沿两正交方向的反射或透射系数保持不变。由于单元处于准周期性的环境中,不同旋转角的单元所处的环境存在差异,从仿真结果可以看出,弧形边角单元比方形边角单元具有更好的旋转稳定性,因此,采用弧形边角单元,不仅具有更佳的单元性能,而且可以降低微纳加工的难度。由此,本节最终选用的单元形式为图 6.16(a)所示的 Patch-型弧形边角透射单元。

当超透镜单元设计完毕以后,本节将它组阵构成超透镜阵列,并用数值仿真的方法仿真阵列的工作特性。为了减小计算量,用作数值仿真的阵列设计为圆形口径,直径为 16 μm,超透镜单元的周期为 320 nm,设计数值孔径为 0.9。超表面阵列进行全波仿真的模型参数在表 6.3 中列出。

表 6.3　仿真阵列参数设置

口面直径/μm	焦距大小/μm	焦径比	数值孔径	最大斜入射角
16	3.87	0.242	0.90	63°

图 6.18 是使用 CST 全波仿真的方法得到的超透镜聚焦光斑一维强度分布图和二维强度分布图。仿真时采用平面波激励,入射波的极化为 RHCP,透射波的主极化为 LHCP。仿真的聚焦光斑的半功率宽度(HPBW)为 330 nm,已非常接近衍射极限的理论值,验证了所设计的超透镜单元的有效性。

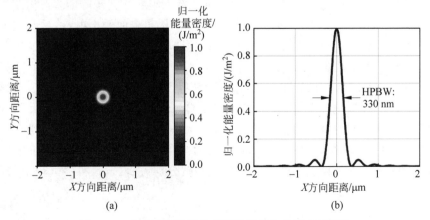

图 6.18　全波仿真的聚焦光斑强度分布(见文前彩图)

(a) 二维分布;(b) 一维分布

6.3.3　实验验证

6.3.3.1　样品微纳加工

为了实验验证设计的有效性,本节使用微纳加工工艺制作超透镜样品,并进行实验测试。需要加工的超透镜单元如图 6.11(a)所示,为 Patch-型透射单元。由于图形尺寸在纳米量级,因此需要使用高精度的电子束曝光工艺进行制造。所设计的超透镜阵列为圆形口径,直径为 400 μm,焦距为 97 μm。单元周期为 320 nm,整个阵列包含 1 227 184 个呈周期性分布的单元结构,如表 6.4 所示。

表 6.4　加工的超透镜样品的参数数值

阵列直径/μm	焦距/μm	焦径比	数值孔径	单元周期/nm	单元总数目
400	97	0.242	0.9	320	1 227 184

样品加工在中国科学院苏州纳米技术与纳米仿生研究所完成。主要加工步骤如图 6.19(a)所示,包含基底准备、涂胶、电子束曝光、显影、镀膜和剥离等步骤。其中,基底采用的是具有导电性的 ITO 玻璃,厚度为 1 mm。之所以选择 ITO 玻璃作为基底,是因为 ITO 玻璃具有导电性。电子束曝光和后续的扫描电子显微镜观测等加工和测试环节都需要衬底导电以传导电子束流。当然,也可以使用纯净的 SiO_2 玻璃作为基底,在电子束曝光的前序工艺和后续工艺中,需要镀 Cr 层和去除 Cr 层,工艺步骤增多。需要指出的是,本节设计的超透镜是从基底侧入射,从超表面侧出射,然后在空气中聚焦。因此,基底的厚度可近似认为不影响超表面的相位响应特性,即不影响超表面的聚焦特性。

经过完整的加工工艺流程,实验最终获得了加工的超透镜样品。超透镜样品在扫描电子显微镜(SEM,FEI,Quanta 400 FEG)下的放大图如图 6.19(b)~(d)所示。整个阵列由尺寸大小相同、旋转方向不同的纳米棒单元组成,阵列的直径为 400 μm,单元的排布周期为 320 nm。从 SEM 的测量结果可以看出,实际加工图形的长和宽分别为 260 nm 和 120 nm,实现了预定的加工目标。

6.3.3.2　实验测试与结果分析

为了实验测试超表面聚焦透镜的实际聚焦效果,本实验搭建了测试光

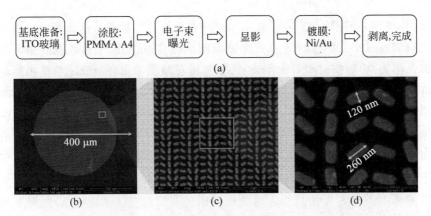

图 6.19　超透镜加工步骤及使用扫描电子显微镜（SEM）观测的样品

（a）超透镜微纳加工流程；（b）SEM 观测的样品轮廓图（500×放大）；

（c）SEM 观测的样品局部放大图（50 000×放大）；（d）SEM 观测的样品

局部放大图（200 000×放大），以及加工的微纳结构的实测尺寸

路，测试光路概念图和实物图如图 6.20 所示。

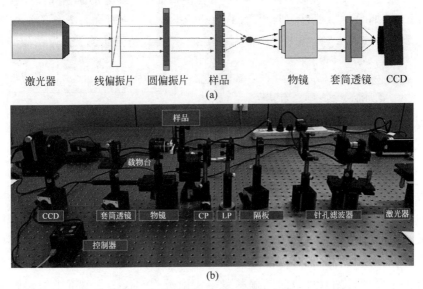

图 6.20　测试光路

（a）概念图；（b）实物图

实验中，激光器采用的是氦氖激光器（THORLABS，HNLS008R，
2 mW，632.8 nm）。由于从激光器发出的光为高斯光束，因此为了形成幅

度、相位均匀的平面波,需要使用光束准直系统进行处理。从激光器发出的光首先经过小孔(直径 25 μm)产生点光源,然后点光源经过透镜产生平面波。因为待测样品要求圆偏振入射,因此需分别经过线偏振片(极化偏振片)、圆偏振片(四分之一波片)两级玻片的作用,产生纯净的圆极化入射波。入射光波从超透镜的基底侧入射,从超表面单元侧出射,在空气中产生聚焦。超透镜样品固定在夹具上,底部是电动式精密位移台 Thorlabs PT1-Z8,其最小步进可以达到 29 nm。由于焦点很小,直接观测存在困难,所以实验设计了放大装置将光斑进行放大,放大装置由物镜和套筒透镜(Tube lens)组成。选用的物镜是 Olympus 公司的 MPLFLN 物镜。该物镜的工作距离为 1 mm,数值孔径为 0.9,放大倍率为 100 倍($f_{\text{Tube lens}}=180$ mm)。所选用的套筒透镜为 Thorlabs 公司的 TTL200 型套筒透镜,焦距为 200 mm。因此,由物镜和套筒透镜构成的放大装置,其有效放大倍率为 111 倍。最后,实验使用 CCD 相机(QHY 183M,2.4 μm ×2.4 μm),对聚焦光斑进行成像。

　　经过实验测量和数据后处理,本实验得到了焦平面处的聚焦光斑光强分布结果,如图 6.21 所示。可以看出,超透镜形成了一个对称的圆形聚焦光斑。聚焦光斑的半功率宽度(HPBW)为 340 nm,与全波仿真的结果较为吻合。

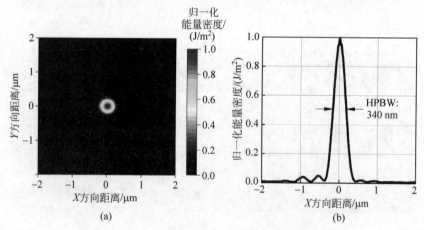

图 6.21　实验测试的聚焦光斑强度分布(见文前彩图)

(a) 二维分布;(b) 一维分布

　　此外,本实验还测量了在偏离焦平面时的聚焦光斑变化情况,结果如图 6.22 所示。实验中以 58 nm 的步进,分别向靠近超透镜的方向和远离超透镜的方向移动,可以看到,随着观测位置偏离聚焦平面,测量的能量强度呈减弱趋势。当前后移动距离约 290 nm 时,聚焦光斑的能量密度下降一半。因此,沿着纵向方向,半功率宽度约为 580 nm。

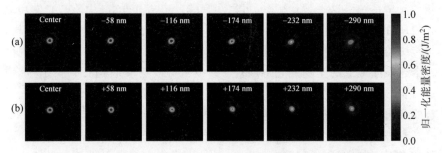

图 6.22　偏离焦平面时聚焦光斑的变化情况(见文前彩图)

6.3.4　本节小结

　　本节基于极化转换的相位调控原理,提出了透射型高数值孔径超透镜设计,工作于可见光波段($\lambda = 632.8$ nm),主要解决了大斜入射角透射式超透镜单元的设计、超透镜的微纳加工、高数值孔径超透镜的测试等难题。所设计的超透镜由透射式的旋转单元组成,通过单元旋转实现 360°的线性相位调控范围。单元结构只有 80 nm 的厚度,可以采用成熟的电子束曝光-剥离工艺制作而成。该透镜的直径为 400 μm,焦距为 97 μm,数值孔径为0.9,理论上可在 632.8 nm 光波照射下实现 330 nm 大小的聚焦光斑。本节使用微纳加工工艺制作了超透镜样品进行实验测试,实验测试的聚焦光斑尺寸为 340 nm,与理论设计结果较为吻合。该超透镜工作于透射模式,易于应用和测试。此外,该超透镜具有纳米级的物理厚度,体积小,质量轻,集成度高,相信在未来的芯片级集成化光路中具有良好的应用前景。

6.4　单片集成超表面望远镜系统研究

6.4.1　本节引言

　　6.2 节和 6.3 节介绍了基于超表面技术的聚焦超透镜,展现了超表面在光学系统集成中的优势。然而,目前超表面技术在光学系统中通常作为独立的光学器件来应用,光学系统的其他部分仍然采用传统的光学器件。

也就是说,目前的光学超表面技术仍然处于器件级的应用,这在一定程度上限制了超表面技术发挥其操纵灵活、易于集成化的优势。

本书的工作目标是提供一个新的光学设计框架,使用多个超表面实现新的光学系统。这一设计概念,可以实现单片集成光学,其中所有光学功能必须通过使用超紧凑的平面元件来获得。由于超表面是超薄的平面结构,与传统的微纳制备技术具有良好的兼容性,因此可以在一个芯片上实现由多个超表面组成的全功能光学系统。该技术可以减小光学元件的尺寸和质量,提高光学系统的集成度。此外,多个超表面的结合在光学设计中引入了新的自由度,有望获得新的光学功能。

本书以一个光学望远镜系统为例,设计了集成在一个芯片上的两个级联超表面。其中第一个超表面设计为物镜,第二个超表面设计为目镜。通过适当控制物镜和目镜的焦距,可以设计出具有一定放大倍数的望远镜。利用这一概念,本书设计并制作了一个望远镜样品,所制备的物镜和目镜超表面直径分别为 $600~\mu m$ 和 $400~\mu m$。这两个超表面在玻璃基片的两侧,并经过精确对准而制成。物镜和目镜的焦距分别为 $800~\mu m$ 和 $200~\mu m$,因此望远镜的放大倍数为 4 倍。本节通过实验测试,验证了所设计的超表面样品具有光学望远镜的性能。

6.4.2　设计原理

6.4.2.1　望远镜系统的工作原理

望远镜系统的工作原理如图 6.23 所示,由物镜和目镜组成,焦距分别表示为 f'_0 和 f'_e。望远镜系统的视觉放大率为

$$\Gamma = \frac{\tan\omega'}{\tan\omega} \tag{6-2}$$

从图 6.23 所示的开普勒望远镜的光路图可以看出,视觉放大率可以表示为

$$\Gamma = -f'_0/f'_e = -D/D' \tag{6-3}$$

其中,D 和 D' 分别表示望远镜的入瞳和出瞳的大小。从式(6-3)可知,望远镜的视觉放大率是光瞳垂轴放大率的倒数。而且,望远镜的视觉放大率与物体的位置无关,仅取决于望远镜的结构参数。欲增加视觉放大率,需要增加物镜焦距与目镜焦距的比值。从视觉放大率的公式可知,随物镜和目镜焦距符号的不同,视觉放大率可能为正值,也可能为负值。若 Γ 为正值,像

是正立的；若 Γ 为负值，像是倒立的。开普勒式望远镜是由正光焦度的物镜和目镜组成的，因此望远镜呈倒立的像。

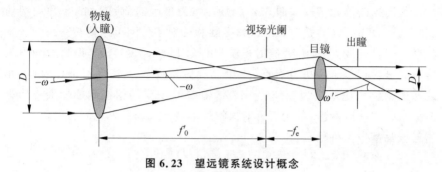

图 6.23　望远镜系统设计概念

6.4.2.2　单片集成超表面望远镜系统设计

6.3 节已经验证了单层的透射式电磁表面，可以实现传统光学透镜的器件功能。如果将多层超透镜级联，可以实现基于超表面的新型光学系统。如图 6.24 所示，将两个凸透镜式的超透镜级联，可以构成基于超表面的开普勒望远镜系统。该望远镜系统的工作原理与传统的光学望远镜系统的工作原理相同，核心思想是使用超透镜替代传统的光学透镜，并将物镜与目镜的功能集成到单个基片上，实现单片集成的望远镜系统。

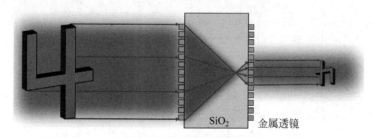

图 6.24　单片集成超表面望远镜系统设计概念

6.4.3　超表面设计与仿真

6.4.3.1　单元设计与仿真

本研究利用超表面来实现望远镜系统中物镜和目镜的功能，因此需要采用透射式单元设计。单元相位调控采用经典的单元旋转法，其工作原理和几何结构与 6.3.3.1 节介绍的 Patch-型单元相同,区别只是具体的尺寸参数不同。

　　所设计的单元结构如图 6.25(a)所示,为单层的金属单元,单元周期为 250 nm。图 6.25(b)是仿真的透射振幅和透射相位随单元旋转方向的变化结果。入射光波为 RHCP,透射光波为 LHCP,单元旋转沿逆时针方向。从仿真的透射相位结果可以看出,当单元旋转角度从 0°变化到 180°时,单元的透射相位变化范围为 $-186° \sim 174°$,覆盖了 360°的相位调控范围。从透射振幅曲线可以看出,单元的透射振幅约为 0.42,且在单元旋转的过程中,透射振幅基本保持稳定。

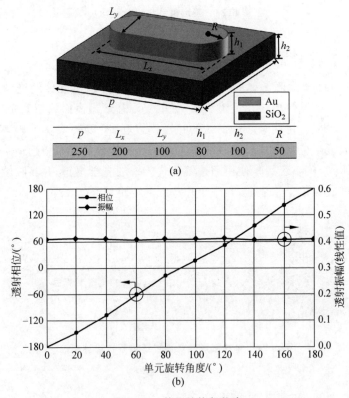

p	L_x	L_y	h_1	h_2	R
250	200	100	80	100	50

(a)

(b)

图 6.25　单元结构与仿真

(a) 所设计的 Patch-型透射式超表面单元结构及仿真尺寸参数;
(b) 垂直入射下单元的透射振幅和透射相位随单元旋转方向的变化

　　图 6.26 是斜入射条件下,单元的透射幅度和透射相位仿真结果。数值仿真了入射角在 0°~45°范围内变化时的情形。可以看出,不同入射角下,

单元的相位曲线基本重合,当斜入射角度达到 45°时,相位误差只有 20°,证明该单元具有稳定的斜入射相位响应。从透射振幅结果可以看出,不同入射角下,透射振幅均在 0.4 左右波动。即使斜入射角度达到 45°,透射振幅依然大于 0.3。通过与 6.3.3.1 节中设计的周期为 320 nm 的透射单元进行对比可以发现,通过减小单元的周期,可以改善单元的斜入射性能。

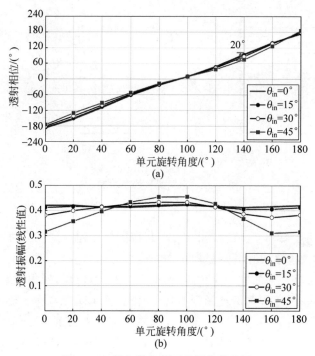

图 6.26　斜入射条件下单元仿真结果

(a) 透射相位;(b) 透射振幅

数值仿真验证了所设计的单元具有线性的 360°的相位范围,较高的透射效率和较稳定的斜入射性能。因此,可以使用所设计的单元,组成物镜超透镜和目镜超透镜阵列,构建基于超表面的单片集成望远镜系统。

6.4.3.2　阵列设计与仿真

本节将所设计的单元组成超表面阵列,利用全波仿真的方法评估其聚焦性能。由于本研究提出的单片集成望远镜系统的中间层为 SiO_2 介质层,因此需要评估介质层对超表面聚焦特性的影响,并与空气中超表面的聚焦结果作对比。

　　本研究设计了两个超透镜阵列,两者均从空气中入射,但其中一个在空气中产生聚焦,另一个在 SiO₂ 介质中产生聚焦,如图 6.27 所示。两个超透镜的直径均为 8 μm,焦距为 4 μm,焦径比为 0.5,为目镜超透镜的缩比模型。需要注意的是,由于光在不同媒质中传播时所累积的光程是不同的,因而两个超透镜需要设计为不同的补偿相位分布。

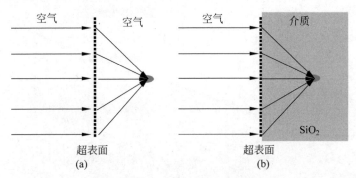

图 6.27　不同媒质的超透镜设计

(a) 空气中聚焦;(b) 介质中聚焦

　　本节使用 CST 全波仿真的方法,获得了两个超透镜在空间中的电场分布情况,如图 6.28 所示,从纵向切面的电场分布可以看出,无论是在空气中产生聚焦还是在介质中产生聚焦,均实现了实验设计的聚焦效果,仿真焦距均为 4 μm。从焦平面的电场分布可以看出,两个超透镜均实现了较为理想的聚焦光斑,并且在介质中的聚焦光斑要比空气中的聚焦光斑尺寸更小。

　　图 6.29 展示了不同媒质中,超透镜获得的聚焦光斑尺寸的对比结果。其中,仿真的在空气中聚焦的光斑尺寸为 450 nm(衍射极限为 447 nm);在 SiO₂ 介质中,聚焦的光斑尺寸为 305 nm(衍射极限为 304 nm)。因此,在介质中进行聚焦,可以提升超透镜的分辨率,从而有利于提升整个望远镜系统的分辨率。

6.4.4　实验验证

6.4.4.1　样品微纳加工

　　为实验验证设计的有效性,本实验使用微纳工艺制作了超表面望远镜样品进行实验测试。为实现单片集成望远镜系统的设计目标,本研究将物镜超透镜和目镜超透镜设计在单片玻璃板的两面。其中,物镜超透镜的直

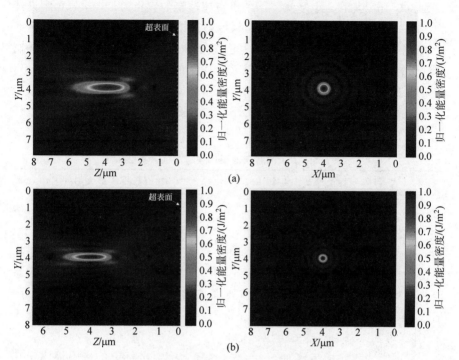

图 6.28　不同媒质中超透镜聚焦结果（见文前彩图）

（a）空气中聚焦；（b）介质中聚焦

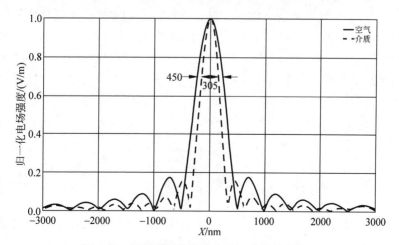

图 6.29　不同媒质中聚焦光斑尺寸的对比结果

径为 600 μm,焦距设计为 800 μm;目镜超透镜的直径为 400 μm,焦距设计为 200 μm。根据光学成像关系可知,该望远镜系统具有 4 倍的视角放大率(0.25 倍的垂轴放大率)。玻璃的厚度为 1 μm,两个超透镜的焦点在玻璃内部恰好重合。所设计的超表面望远镜样品的参数数值在表 6.5 中列出。物镜超透镜与目镜超透镜采用同样的单元形式,单元周期为 250 nm。由于图形尺寸在纳米量级,因此需要使用高精度的电子束曝光微纳工艺进行加工。

表 6.5　加工的超表面望远镜样品的参数数值

类　　型	阵列直径/μm	焦距/μm	焦径比	数值孔径	最大斜入射角/(°)
物镜超透镜	600	800	1.3	0.35	20.6
目镜超透镜	400	200	0.5	0.71	45.0

样品加工在中国科学院苏州纳米技术与纳米仿生研究所完成。由于在玻璃板的两侧均需要加工超表面图形,并且要求两面的图形进行精确的对准。因此,在加工微纳图形之前,需要在玻璃基板的两面预先加工定位标记,以作为后续电子束曝光工艺的坐标原点。使用紫外光刻机,采用双面曝光工艺,可加工双面对准的定位标记。

双面曝光工艺的步骤如下:首先,刻有十字对准标记的掩膜板固定在光刻机夹具上,下方使用数字显微镜拍摄十字标记图像,存储并定位在显示屏上;然后,将已加工完一面的样片放置在承片台中,已加工的对准标记图样面朝下,装入掩膜板的下方并且调平;接着,使用显微镜拍摄样片上十字标记的实时图像,与掩膜标记静态图像同时叠加在显示屏上;最后,在水平方向上平移承片台调整样片位置,直到样片十字图样和已存储的掩膜板十字图样重合对准。图 6.30 展示了双面对准曝光工艺的显微镜视场。完成上述步骤后,进行第二面的紫外曝光。

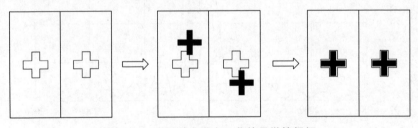

图 6.30　双面对准曝光工艺的显微镜视场

　　图 6.31 展示了用于双面曝光工艺的光刻掩膜板。掩膜板上分布两种类型的十字,分别用于电子束曝光的定位标记(1000 μm×10 μm)和用于双面对准的定位标记(1000 μm×50 μm)。采用一片 4 in 的掩膜板可以对 25 个 15 mm×15 mm 的样片进行曝光。每个样片上分布 4 个对称的电子束曝光的定位标记,利用这 4 个定位标记可以确定样片的中心点,作为电子束曝光的坐标原点。

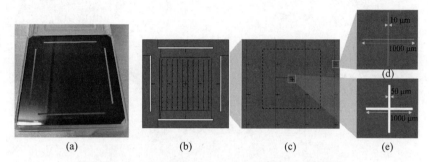

图 6.31　用于双面定位标记加工的紫外光刻掩膜板

(a) 紫外光刻掩膜板实物图;(b) 掩膜板设计版图;(c) 掩膜板设计版图局部放大图;
(d) 用于电子束曝光的定位标记;(e) 用于双面对准的定位标记

　　双面定位标记加工完毕以后,可以进行双面图案的加工,包含涂胶、电子束曝光、显影、镀膜和剥离等步骤,主要加工步骤如图 6.32 所示。加工完一面的图案之后,将样片翻转过来,再进行第二面的图案加工。需要注意的是,将样片翻转之后要对第一面的图案进行保护。另外,由于基底采用的是不导电的石英玻璃,因此在电子束曝光的前序工艺和后续工艺中,需要蒸镀和去除 Cr 层。

　　经过完整的加工工艺流程,实验最终获得了加工的超表面望远镜样品。该样品在扫描电子显微镜(SEM,FEI,Quanta 400 FEG)下的放大图如图 6.33 所示。超透镜阵列由尺寸大小相同、旋转方向不同的纳米棒单元组成,其中物镜超透镜与目镜超透镜的直径分别为 600 μm 和 400 μm。SEM 的测量结果表明,本实验已经实现了预定的加工目标。

6.4.4.2　实验测试与结果分析

　　为了实验测试所加工的超表面望远镜的实际工作效果,本节搭建了测试光路进行实验测试,如图 6.34 所示。从测试光路图可以看出,该测试光路分为产生平面波属性的入射图像、图像压缩、透过所设计的超表面望远

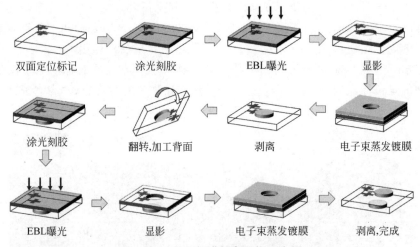

图 6.32　双层级联超表面加工流程

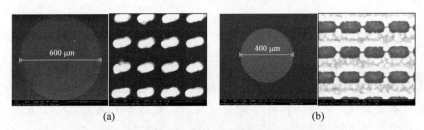

(a)　　　　　　　　　　　　　　(b)

图 6.33　使用扫描电子显微镜拍摄的超表面望远镜样片

（a）物镜超透镜；（b）目镜超透镜

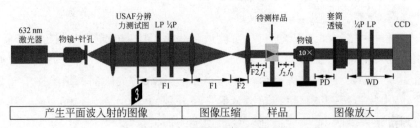

图 6.34　实验测试光路概念

镜、图像放大四个主要部分。

　　具体地讲,实验采用的激光器是较高功率的氦氖激光器(THORLABS, 5 mW,632.8 nm)。从激光器发出的高斯光束,先经过光束准直系统进行处理,产生幅度相位均匀的平面波。用平面波照射 USAF 分辨率板,产生

特定的图像。再经过线偏振片和圆偏振片两级玻片的作用,产生圆极化的
目标图像。由于超表面的面积较小,需要使用 4f 系统将目标图像进行压
缩,然后再投射到所加工的超表面望远镜上。从望远镜出射的图像,经过显
微放大装置,图像放大后在 CCD 上实现成像。需要注意的是,为了增加成
像质量,图像压缩系统和超表面望远镜系统的物体与像要满足共轭关系,也
就是说,它们均需要满足 4f 系统的距离关系。该实验装置的不同器件间的
具体距离关系,如表 6.6 所示。

表 6.6　测试光路参数数值　　　　　　　单位: mm

F1	F2	f_1	f_2	f_0	PD	WD
250	35	0.8	0.2	5	20	148

实验中将美国空军的分辨率板靶标(1951 USAF)作为被成像物体。
该分辨率板的图像经过图像压缩系统进行图像大小的压缩。图 6.35(b)
和(c)分别展示了图像在压缩前和压缩后的 CCD 成像结果。经过测量,
特征尺寸 L_1 和 L_2 的数值分别为 896 μm 和 180 μm,前者是后者的
4.98 倍,与所设计的 5 倍的图像压缩系统非常接近,验证了图像压缩系
统的有效性。

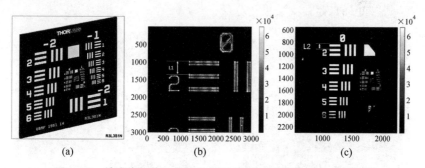

图 6.35　被成像物体和图像压缩系统的压缩效果(见文前彩图)
(a) USAF 分辨率板;(b) 使用 CCD 对分辨率板直接成像的结果;
(c) 使用 CCD 对经过图像压缩系统后的图像进行成像的结果

图 6.36 展示了物体图像在经过超表面望远镜系统前后的 CCD 成像结
果对比。实验选用的特性图形为数字"4"。可以看出,物体图像在经过望远
镜系统之后,形状未发生改变,但是图像产生了倒置,这与开普勒望远镜系
统的成像性质相一致。使用 CCD 测量两幅图像,其特征尺寸 M_1 和 M_2 的
数值分别为 5191 μm 和 1288 μm,恰好满足 4 倍的放大关系。也就是说,实

测的超表面望远系统的垂轴放大倍率为 0.25,视角放大倍率为 4,从而验证了所设计的超表面望远系统的概念。

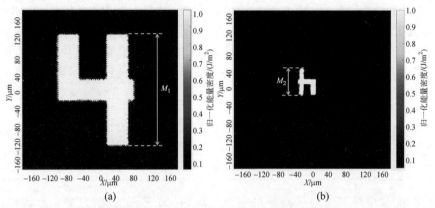

(a)　　　　　　　　　　　　　　(b)

图 6.36　物体图像经过超表面望远镜系统前后的成像结果对比(见文前彩图)

(a) 经过超表面望远镜系统之前;(b) 经过超表面望远镜系统之后

　　实验中不仅测试得到了所设计的缩小 $\frac{1}{4}$ 的像的结果,还测试得到了与目标物体等大的像及放大的像,如图 6.37 所示。原因是,超表面的极化转换效率是有限的,存在交叉极化分量。

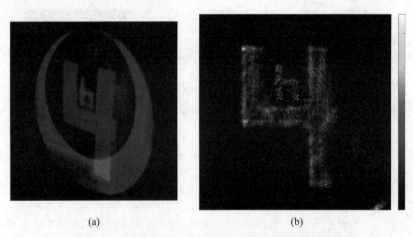

(a)　　　　　　　　　　　　　　(b)

图 6.37　由交叉极化带来的干扰图像结果(见文前彩图)

(a) 在光屏上的成像结果(使用相机拍摄);(b) 在 CCD 上的成像结果

　　图 6.38 展示了干扰图像的生成原因。假设目标物体发射出的光波为

RHCP,经过第一层超表面之后,转化为 LHCP,再经过第二层超表面时转化为 RHCP,得到缩小的像。然而,在分别经过两层超表面时,都有一部分光未发生极化转化,此时我们得到了与原目标物体等大的干扰图像(此时相当于光波无视超表面的存在而直接穿透)。另外,如果在第一层超表面发生了极化转化,而在第二层超表面处未发生极化转化,此时得到了放大的干扰图像。

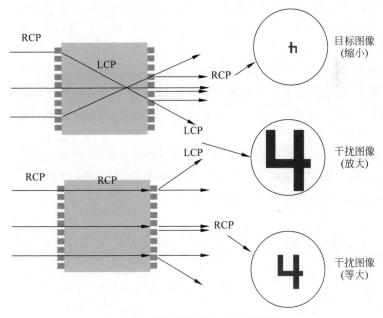

图 6.38　干扰图像的生成原因分析

6.4.5　本节小结

本节提出了一种基于级联超表面技术的单片集成望远镜系统,并实验验证了所提出的设计概念,利用双层级联超表面技术,在单片玻璃基片的两面分别加工超透镜,分别作为望远镜系统的物镜和目镜。适当控制物镜和目镜的焦距可以实现一定的放大倍率。实验制备了直径分别为 600 μm 和 400 μm 的物镜超透镜和目镜超透镜,焦距分别为 800 μm 和 200 μm,设计视角放大倍率为 4 倍。实验测试验证了所设计的超表面光学望远镜的成像性能。该项工作有两方面的重要意义:第一,实现了单片集成的望远镜系统,将传统的多镜片组合的体积庞大的望远镜系统压缩至一个镜片的厚度,减小了系统体积,增加了系统的集成度;第二,将超表面在光学领域的应用从器件层级发展至系统层级,将有助于推动超表面技术在集成光学系统中的应用,实现小型化、轻量化、集成化的新型光学系统。

6.5 本 章 小 结

本章基于光学电磁表面的极化转换相位调控原理,在光学器件和光学系统两个层级来进行应用研究。

首先,本章在光学器件的应用层级,提出了大数值孔径超透镜的设计,分别研究了反射式和透射式两种情形。该项研究主要解决了大斜入射角下超表面单元的设计、大规模超透镜的微纳加工、大数值孔径超透镜的测试等科学难题,使用微纳工艺制作超透镜样品进行测试,得到了大数值孔径的接近衍射极限的聚焦光斑。

然后,将光学超表面技术从器件层级发展至系统层级,利用级联超表面技术,实现了单片集成的光学系统。实验中将双层超透镜阵列在单片基板上进行级联,实现了单片集成的望远镜系统。

第7章　总结及展望

7.1　总　　结

本书针对目前电磁表面在高性能平面天线的理论研究和光学集成器件的应用研究等方面存在的若干关键的科学问题,开展了系统、深入的研究工作。核心工作是提出了极化-相位组合电磁表面调控技术(见图 7.1):一方面,对于反射式电磁表面,提出了基于极化转换的镜像组合调控技术和旋转组合调控技术,分别可以用于实现带宽的提升、幅度-相位的同时调控和双圆极化相位的独立调控;另一方面,对于透射式电磁表面,提出了基于极化转换的旋转相位调控技术。对于单层的电磁表面,本书工作可以实现 360°的相位调控,利用双层的电磁表面,可以提升单元的透射效率。进一步地,通过级联两组电磁表面,本书构建了具有独立功能的光学系统。

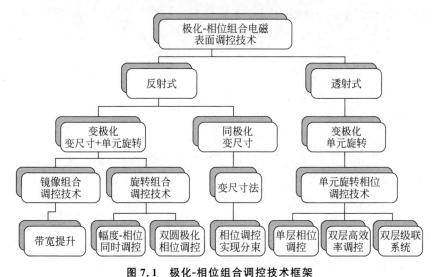

图 7.1　极化-相位组合调控技术框架

围绕所提出的极化-相位组合调控技术,本书主要开展了以下研究工作。

1. 微波宽带反射阵列天线研究

本项工作提出了一种基于极化变换方法的镜像组合调控理论,并应用于实现新型的宽带反射阵列天线,通过理论分析,证明了在极化转换工作模式下,通过组合应用镜像单元和初始单元,可以拓展单元的相位覆盖范围。基于此概念,本研究设计了一种开口圆环单元。组合使用初始单元和镜像单元两种单元形式,实现了线性的 360°相位覆盖,并且在 17～23 GHz 频段范围内,相位曲线保持互相平行,展示了单元的宽带特性。通过实验加工反射阵天线样机进行测试,验证了基于极化转换的镜像组合调控理论,可以设计实现新型的单层宽带反射阵列天线。本项工作完善了现有的反射阵列天线相位调控理论,并且对设计实现单层宽带反射阵列天线具有理论指导意义。

2. 微波幅度相位调控反射阵列单元研究

本项工作提出了一种基于极化变换方法的旋转组合调控理论,并应用于实现幅度相位调控反射阵列天线,通过组合应用单元旋转法和变尺寸法,实现了反射振幅和反射相位的同时调控。首先,本工作从理论上证明了,在线极化的极化转换工作模式下,反射振幅只取决于单元的旋转方向,反射相位只取决于单元的结构尺寸大小;然后,基于此概念,设计了一种单层开口圆环单元,通过单元旋转实现了反射振幅 0～1 的连续调控,通过改变单元的开口角度大小实现了线性的 360°相位覆盖,并且振幅调控和相位调控在垂直激励下可独立进行。所设计的单元结构较为简单,为单层结构且不需要加载任何外源器件。本项工作可进一步丰富反射阵列天线的幅度和相位调控理论,提供了一种低成本的幅度相位调控反射阵单元的设计方案,可以为以后的低旁瓣反射阵列天线、赋形波束反射阵列天线、微波成像等设计应用提供理论基础。

3. 微波双圆极化反射阵列天线研究

本项工作提出了一种基于极化变换方法的旋转组合调控理论,并应用于实现双圆极化反射阵天线;通过组合应用单元旋转法和变尺寸法,可以对入射的左旋圆极化波和右旋圆极化波产生独立的相位调控,从而实现双圆极化反射阵天线独立的辐射波束调控;旋转组合调控理论,将总反射相位分解为基础相位和旋转相位两部分,通过基础相位和旋转相位的不同的线性组合,实现反射的左旋圆极化相位和右旋圆极化相位的任意组合;仿真设计了一种单层的双开口圆环反射单元,通过单元的尺寸变化实现了 0°～360°的基础相位调控,通过单元旋转实现了−180°～180°的旋转相位调控,从而实现了左旋圆极化反射相位和右旋圆极化反射相位 0°～360°的任意组合。实验加工了一款反射阵天线样机进行实验测试,验证了该天线可以产生独立的双圆极化辐射波束。其中,左旋圆极化波束在 20 GHz 的实测增益为 35.5 dBi,口面效率为 52.7%,1 dB 增益带宽为 10.5%(19.4～21.5 GHz);右旋圆极化波束的实测增益为 35.4 dBi,口面效率为 51.6%,1 dB 增益带宽为 10.0%(19.5～21.5 GHz)。在 18～22 GHz 频段范围内,天线的实测轴比在 3 dB 以内。由于所设计的反射阵天线可产生独立可调的双圆极化波束,并且天线阵列是简单的单层结构,因此加工难度和成本较低,在未来的卫星通信等领域中具有广泛的应用前景。

4. 微波双层高效率透射阵列天线研究

本项工作提出了一种基于极化变换方法的透射相位调控方法,并应用于实现双层高效率圆极化透射阵列天线,基于极化转换原理,使用单元旋转相位调控技术,实现了双层结构的高效率透射,且透射相位可以通过几何旋转的方式实现线性的 360°覆盖。基于此概念设计的双层透射开口圆环单元,透射振幅大于-1 dB,并通过将单元由 0°旋转至 180°可获得线性的 0°～360°的相位覆盖。加工的透射阵实验样机也获得了接近 60% 的口面效率。该项工作的意义是:突破了传统透射阵调控理论中,结构层数对相位范围和透射振幅的理论限制问题,将传统的四层结构才能实现的性能降至两层,降低了结构复杂度和加工成本。有理由相信,本项工作的研究成果有助于推动透射阵列天线更大规模地走向市场应用。

5. 光学超表面分束器设计

本项工作基于超表面对光波的相位调控技术,实现了可见光波段的超薄集成式光学分束器。该超表面分束器具有非偏振的工作特性,可以对同频率、同极化的入射光波实现有效分离。此外,本书提出的超表面分束器具有灵活的工作特性,通过改变入射光的角度,可以动态地调控反射波束的反射角度和两束光的能量分配比例。相对传统的分束器,它还具有平面、超薄、易于集成的优势,非常符合未来光学系统对器件的要求,有利于实现光学系统的小型化和集成化。

6. 光学大数值孔径超透镜设计

本项工作基于极化转换的相位调控原理,应用于实现反射式的和透射式的高数值孔径超透镜,主要解决了大斜入射角下超透镜单元的设计、超透镜的微纳加工,以及高数值孔径超透镜的测试等难题。所设计的超透镜由反射式或透射式的旋转单元组成,通过单元旋转可实现 360°的线性相位调控范围。实验中使用微纳加工工艺制作了超透镜样品进行实验测试,在透射模式下实测的聚焦光斑尺寸为 340 nm,实现了接近衍射极限的聚焦光斑尺寸。此外,该超透镜数值孔径大,且具有纳米级的物理厚度、体积小、质量轻、集成度高,在未来的芯片级集成化光路中具有良好的应用前景。

7. 光学单片集成望远镜系统设计

本项工作提出了一种基于级联超表面技术的单片集成光学系统设计概念,并实验验证了超表面望远镜系统,通过在单片玻璃基片的两面分别加工超透镜,并分别作为望远镜系统的物镜和目镜,实现了一定的放大倍率。实验制备了直径分别为 600 μm 和 400 μm 的物镜超透镜和目镜超透镜,焦距分别为 800 μm 和 200 μm,设计视角放大倍率为 4 倍。本工作通过实验测试,验证了所设计的超表面光学望远镜的成像性能。该项工作有两方面的重要意义:第一,实现了单片集成的望远镜系统,将传统的多镜片组合的体积庞大的望远镜系统压缩至一个镜片的厚度,减小了系统体积,增加了系统的集成度;第二,将超表面在光学领域的应用从器件层级发展至系统层级,有助于推动超表面技术在集成光学系统中的应用,从而实现小型化、轻量化、集成化的新型光学系统。

7.2　展　　望

本书通过研究电磁表面的工作机理,已经在宽带反射阵、幅度相位调控反射阵、双圆极化反射阵、双层透射阵、光学超表面等领域取得了一系列进展,但是受限于笔者的理论水平和工程实践经验,以及博士学位论文工作时间因素,仍然有大量的具有实际意义的研究值得做进一步的探索。其中,具有前景的几个方向依次如下。

1. 基于极化变换方法的透射相位调控技术的进一步探索

本书虽然对基于极化变换方法的透射相位调控技术进行了初步探索,并成功应用于实现双层的高效率透射阵设计。但是,该设计方法只适用于圆极化工作模式,而无法适用于线极化。然而,将极化转换调控技术推广至线极化模式,具有更普适的应用范围,同时也可产生许多新的功能。从第3章分析的反射阵对极化转换技术的应用可以看到,基于极化变换方法的单元调控方法可能在单元带宽、振幅-相位同时调控等应用场景具有显著优势。因此,在线极化工作模式下,基于极化变换方法的透射相位调控技术值得进一步探索。

2. 光学超表面宽带技术研究

本研究针对光学超表面做了一系列工作,包括超表面光学分束器、反射式大数值孔径超透镜、透射式大数值孔径超透镜,以及超表面望远镜系统等。然而,在这些工作中主要考虑的是单波长的工作特性,而未考虑其工作带宽。实验中采用的光源是单波长的激光器。下一步的工作,可以考虑增加超表面的工作带宽,使之可以在更宽的频带内工作,甚至可以在白光照射下进行工作。

3. 光学超表面效率提升研究

本研究中,无论是反射式的超表面还是透射式的超表面研究,均采用金属材料体系。采用金属材料的优势是结构简单,加工容易,劣势是工作效率较低,尤其是对于透射式超表面,使用单层的金属结构,其理论的透射效率上限是 25%。要提升透射效率,目前看主要有两条途径:一是采用多层级联的金属单元结构,在理论上可以有效提升透射效率,但是需要高精度的微纳加工技术作为支撑;二是采用介质型超表面,通过设计加工高深宽比的介质柱,可以在一定程度上提升透射效率,但是介质型超表面的劣势是厚度较大,并且需要高深宽比的介质柱的微纳加工技术,加工难度和成本也比较高。因此,对于光学超表面的透射效率的提升问题还需要继续进行研究,以实现低成本、高效率的光学超表面。

4. 可重构电磁表面研究

本研究中,无论是微波电磁表面还是光学电磁表面的研究,均采用无源化设计,即电磁表面是非可重构的,在电磁表面加工完成以后,其功能也就固定了。下一步的工作,可进行可重构电磁表面的研究。在微波频段,在本书提出的基于极化变换方法的电磁表面调控技术的基础上,加载有源器件,可以实现可波束扫描的宽带反射阵天线、可波束扫描的幅度相位调控反射阵天线,以及可进行独立波束扫描的双圆极化反射阵天线。在光学频段,现阶段实现每个单元的可重构还较为困难,但是可以采用一些电致变色材料、光敏材料、可机械拉伸材料等技术方案,实现对光学超表面整体的动态调控。因此,可重构电磁表面这一领域,还有广阔的天地等待研究者们去开拓研究。

5. 电磁表面的系统设计和应用

当前,电磁表面的应用主要还是在器件层面,无论是微波中的反射阵天线、透射天线、频率选择表面等电磁功能器件,还是光学中的超表面、超透镜等光学元件,这些器件通常作为系统中的实现某一特定功能的器件来使用。在未来,可以期待全电磁表面形式的微波系统或光学系统,以发挥电磁表面在结构和功能方面的优势。

参 考 文 献

[1] Sharma S K, Rao S, Shafai L. Handbook of reflector antennas and feed systems volume I: theory and design of reflectors[M]. Boston: Artech House, 2013.

[2] Munson R. Conformal microstrip antennas and microstrip phased arrays[J]. IEEE Transactions on Antennas and propagation, 1974, 22(1): 74-78.

[3] Levine E, Malamud G, Shtrikman S. A study of microstrip array antennas with the feed network[J]. IEEE Transactions on Antennas and Propagation, 1989, 37(4): 426-434.

[4] Berry D, Malech R, Kennedy W. The reflectarray antenna[J]. IEEE Transactions on Antennas and Propagation, 1963, 11(6): 645-651.

[5] Huang J. Reflectarray antenna [M]//Encyclopedia of RF and Microwave Engineering. New Jersey: Wiley-IEEE Press, 2005.

[6] Nayeri P, Yang F, Elsherbeni A Z. Reflectarray Antennas: Theory, Designs and Applications[M/OL]. New Jersey: Wiley Online Library, 2018.

[7] Datthanasombat S, Prata A, Arnaro L, et al. Layered lens antennas[C]. Boston: IEEE Antennasand Propagation Society International Symposium, 2001.

[8] Abdelrahman A H, Yang F, Elsherbeni A Z, et al. Analysis and design of transmitarray antennas[J]. Synthesis Lectures on Antennas, 2017, 6(1): 1-175.

[9] Lim C S, Hog M H, Lin Y, et al. Microlens array fabrication by laser interference lithography for super-resolution surface nanopatterning [J]. Applied physics letters, 2006, 89(19): 191125.

[10] Forati E, Sievenpiper D. Fabrication recipe for nanoscale suspended gold structures such as mushrooms and air bridges used in optical metasurfaces[J]. JOSA B, 2016, 33(2): A61-A65.

[11] Lee J Y, Kim J, Yang K, et al. All dielectric metasurface nano-fabrication based on TiO_2 phase shifters [J]. Nanoengineering: Fabrication, Properties, Optics, and Devices XIV, 2017: 103540I.

[12] Zhang X, Deng R, Yang F, et al. Metasurface-based ultrathin beam splitter with variable split angle and power distribution[J]. ACS Photonics, 2018, 5(8): 2997-3002.

[13] Ni X, Emani N K, Kildishev A V, et al. Broadband light bending with plasmonic nanoantennas[J]. Science, 2012, 335(6067): 427-427.

[14] Sun S, Yang K Y, Wang C M, et al. High-efficiency broadband anomalous reflection by gradient meta-surfaces[J]. Nano Letters, 2012, 12(12): 6223-6229.

[15] Kildishev A V, Boltasseva A, Shalaev V M. Planar photonics with metasurfaces [J]. Science, 2013, 339(6125): 1232009.

[16] Qin F,Ding L,Zhang L,et al. Hybrid bilayer plasmonic metasurface efficiently manipulates visible light[J]. Science Advances,2016,2(1): e1501168.

[17] Ni X,Ishii S,Kildishev A V,et al. Ultra-thin,planar,Babinet-inverted plasmonic metalenses[J]. Light: Science & Applications,2013,2(4): e72-e72.

[18] Pors A,Nielsen M G,Eriksen R L,et al. Bozhevolnyi. Broadband focusing flat mirrors based on plasmonic gradient metasurfaces[J]. Nano Letters,2013,13(2): 829-834.

[19] Lin D,Fan P,Hasman E,et al. Brongersma. Dielectric gradient metasurface optical elements[J]. Science,2014,345(6194): 298-302.

[20] Aieta F,Kats M A,Genevet P,et al. Multiwavelength achromatic metasurfaces by dispersive phase compensation[J]. Science,2015,347(6228): 1342-1345.

[21] Khorasaninejad M,Shi Z,Zhu A Y,et al. Achromatic metalens over 60 nm bandwidth in the visible and metalens with reverse chromatic dispersion[J]. Nano Letters,2017,17(3): 1819-1824.

[22] Groever B,Chen W T,Capasso F. Meta-lens doublet in the visible region[J]. Nano Letters,2017,17(8): 4902-4907.

[23] Wang S,Wu P C,Su V C,et al. Broadband achromatic optical metasurface devices [J]. Nature Communications,2017,8(1): 1-9.

[24] Wang S,Wu P C,Su V C,et al. A broadband achromatic metalens in the visible [J]. Nature Nanotechnology,2018,13(3): 227-232.

[25] Larouche S,Tsai Y -J,Tyler T,et al. Infrared metamaterial phase holograms[J]. Nature Materials,2012,11(5): 450-454.

[26] Ni X,Kildishev A V,Shalaev V M. Metasurface holograms for visible light[J]. Nature Communications,2013,4(1): 1-6.

[27] Huang L,Chen X,Mühlenbernd H,et al. Three-dimensional optical holography using a plasmonic metasurface[J]. Nature Communications,2013,4(1): 1-8.

[28] Heng G Z,Mühlenbernd H,Kenney M,et al. Metasurface holograms reaching 80% efficiency[J]. Nature Nanotechnology,2015,10(4): 308-312.

[29] Wen D,Yue F,Li G,et al. Helicity multiplexed broadband metasurface holograms [J]. Nature Communications,2015,6(1): 1-7.

[30] Wang Q,Zhang X Q,Xu Y H,et al. Broadband metasurface holograms: toward complete phase and amplitude engineering[J]. Scientific Reports,2016,6: 32867.

[31] Zhao W Y,Jiang H,Liu B Y,et al. Dielectric Huygens' metasurface for high-efficiency hologram operating in transmission mode[J]. Scientific Reports,2016, 6: 30613.

[32] Li L L,Cui T J,Ji W,et al. Electromagnetic reprogrammable coding-metasurface holograms[J]. Nature Communications,2017,8(1): 1-7.

[33] Yang F,Rahmat-Samii Y. Surface electromagnetics: with applications in antenna,

microwave, and optical engineering [M]. Cambridge: Cambridge University Press,2019.

[34] Geim A K. Graphene: status and prospects [J]. Science, 2009, 324 (5934): 1530-1534.

[35] Munk B A. Frequency selective surfaces: theory and design [M/OL]. New Jersey: John Wiley & Sons,2005.

[36] Mittra R, Chan C H, Cwik T. Techniques for analyzing frequency selective surfaces-a review[J]. Proceedings of the IEEE,1988,76(12): 1593-1615.

[37] Wu T -K. Frequency selective surface and grid array[M]. New Jersey: Wiley-Interscience,1995.

[38] Qu S -W, Chan C H. Frequency selective surfaces[M]//Handbook of Antenna Technologies. Singapore: Springer Science,2016: 471-525.

[39] Sievenpiper D, Zhang L, Broas R F, et al. High-impedance electromagnetic surfaces with a forbidden frequency band[J]. IEEE Transactions on Microwave Theory and Techniques,1999,47(11): 2059-2074.

[40] Yang F, Rahmat-Samii Y. Microstrip antennas integrated with electromagnetic band-gap (EBG) structures: A low mutual coupling design for array applications [J]. IEEE Transactions on Antennas and Propagation,2009,51(10): 2936-2946.

[41] Yang F, Rahmat-Samii F. Electromagnetic band gap structures in antenna engineering[M]. Cambridge: Cambridge University Press,2009.

[42] Weile D S. Electromagnetic band gap structures in antenna engineering [reviews and abstracts] [J]. IEEE Antennas and Propagation Magazine, 2013, 55 (6): 152-153.

[43] Yu N F, Genevet P, Kats M A, et al. Light propagation with phase discontinuities: generalized laws of reflection and refraction[J]. Science, 2011, 334(6054): 333-337.

[44] Encinar J A. Design of two-layer printed reflectarrays using patches of variable size[J]. IEEE Transactions on Antennas and Propagation, 2001, 49 (10): 1403-1410.

[45] Encinar J A, Zornoza J A. Broadband design of three-layer printed reflectarrays [J]. IEEE Transactions on Antennas and Propagation,2003,51(7): 1662-1664.

[46] Carrasco E, Barba M, Encinar J. Aperture-coupled reflectarray element with wide range of phase delay[J]. Electronics Letters,2006,42(12): 667-668.

[47] Carrasco E, Encinar J A, Barba M. Bandwidth improvement in large reflectarrays by using true-time delay[J]. IEEE Transactions on Antennas and Propagation, 2008,56(8): 2496-2503.

[48] Carrasco E, Barba M, Encinar J A. Reflectarray element based on aperture-coupled patches with slots and lines of variable length[J]. IEEE Transactions on Antennas

and Propagation,2007,55(3): 820-825.

[49] Bialkowski M E,Sayidmarie K H. Investigations into phase characteristics of a single-layer reflectarray employing patch or ring elements of variable size[J]. IEEE Transactions on Antennas and Propagation,2008,56(11): 3366-3372.

[50] Chaharmir M,Shaker J, Cuhaci M, et al. Broadband reflectarray antenna with double cross loops[J]. Electronics Letters,2006,42(2): 65-66.

[51] Vita P. De, Freni A, Dassano G, et al. Broadband element for high-gain single-layer printed reflectarray antenna[J]. Electronics Letters,2007,43(23).

[52] Ethier J,Chaharmir M,Shaker J. Loss reduction in reflectarray designs using sub-wavelength coupled-resonant elements[J]. IEEE Transactions on Antennas and Propagation,2012,60(11): 5456-5459.

[53] Wang Q,Shao Z H,Cheng Y J, et al. Broadband low-cost reflectarray using modified double-square loop loaded by spiral stubs[J]. IEEE Transactions on Antennas and Propagation,2015,63(9): 4224-4229.

[54] Ethier J L, McNamara D A, Chaharmir M R, et al. Reflectarray design with similarity-shaped fragmented sub-wavelength elements[J]. IEEE Transactions on Antennas and Propagation,2014,62(9): 4498-4509.

[55] Guo L, Tan P -K, Chio T -H. On the use of single-layered subwavelength rectangular patch elements for broadband folded reflectarrays[J]. IEEE Antennas and Wireless Propagation Letters,2014,16: 424-427.

[56] Pozar D. Wideband reflectarrays using artificial impedance surfaces[J]. Electronics Letters,2007,43(3): 148-149.

[57] Nayeri P,Yang F,Elsherbeni A Z. Broadband reflectarray antennas using double-layer subwavelength patch elements[J]. IEEE Antennas and Wireless Propagation Letters,2010,9: 1139-1142.

[58] Yoon J H,Kim,Y J. -s. Yoon J,et al. Single-layer reflectarray with combination of element types[J]. Electronics Letters,2014,50(8): 574-576.

[59] Mao Y,Wang C,Yang F,et al. A single-layer broad-band reflectarray design using dual-frequency phase synthesis method[C]. Asia Pacific Microwave Conference Proceedings,2012: 64-66.

[60] Mao Y,Xu S,Yang F,et al. Elsherbeni. A novel phase synthesis approach for wideband reflectarray design [J]. IEEE Transactions on Antennas and Propagation,2015,63 (9): 4189-4193.

[61] Deng R,Xu S,Yang F,et al. A single-layer high-efficiency wideband reflectarray using hybrid design approach[J]. IEEE Antennas and Wireless Propagation Letters,2016, 16: 884-887.

[62] Mailloux R J. Phased array antenna handbook[M]. Boston: Artech House,2017.

[63] Bialkowski M E,Robinson A W,Song H J. Design,development,and testing of X-

band amplifying reflectarrays〔J〕. IEEE Transactions on Antennas and Propagation,2002,50(8):1065-1076.

〔64〕 Kishor K K,Hum S V. An amplifying reconfigurable reflectarray antenna〔J〕. IEEE Transactions on Antennas and Propagation,2011,60(1):197-205.

〔65〕 Pochiraju T,Fusco V. Amplitude and phase controlled reflectarray element based on an impedance transformation unit〔J〕. IEEE Transactions on Antennas and Propagation,2009,57(12):3821-3826.

〔66〕 Wu G -B,Qu S W,Wang Y X,et al. Nonuniform FSS-backed reflectarray with synthesized phase and amplitude distribution〔J〕. IEEE Transactions on Antennas and Propagation,2018,66(12):6883-6892.

〔67〕 Alizadeh P,Parini C,Rajab K Z. A Ka-band reflectarray with variable amplitude unit cells〔C〕. 46th European Microwave Conference,2016:1295-1298.

〔68〕 Yang H H,Chen X B,Yang F,et al. Design of resistor-loaded reflectarray elements for both amplitude and phase control〔J〕. IEEE Antennas and Wireless Propagation Letters,2016,16:1159-1162.

〔69〕 Niaz M W,Khan F A,Zheng S,et al. On the Design of Resistive Reflectarray Elements having Both Amplitude and Phase Control〔C〕. IEEE MTT-S International Wireless Symposium,2019:1-3.

〔70〕 Khalaj-Amirhosseini M. Slotted Cells as Amplitude-Phase Cells for Reflectarray Antennas〔J〕. Progress in Electromagnetics Research,2019,81:15-19.

〔71〕 R. Leberer R,Menzel W. A dual planar reflectarray with synthesized phase and amplitude distribution〔J〕. IEEE Transactions on Antennas and Propagation, 2005,53(11):3534-3539.

〔72〕 Ricardi L,Rudge A. Multiple beam antennas〔J〕//The Handbook of Antenna Design. Antennas &. Propagation Society Newsletter IEEE,1982,15:466.

〔73〕 Ingerson P,Chen C. The use of non-focusing aperture for multibeam antenna〔C〕. Antennas and Propagation Society International Symposium,1983,21:330-333.

〔74〕 Montgomery J,Runyon D,Fuller J. Large multibeam lens antennas for EHF SATCOM〔C〕. Military Communications Conference,1988:369-373.

〔75〕 Rao S K. Parametric design and analysis of multiple-beam reflector antennas for satellite communications〔J〕. IEEE Antennas and Propagation Magazine,2003, 45(4):26-34.

〔76〕 Rao S K,Tang M Q. Stepped-reflector antenna for dual-band multiple beam satellite communications payloads〔J〕. IEEE Transactions on Antennas and Propagation,2006,54(3):801-811.

〔77〕 Chang D-C,Huang M-C. Multiple-polarization microstrip reflectarray antenna with high efficiency and low cross-polarization〔J〕. IEEE Transactions on Antennas and Propagation,1995,43(8):829-834.

[78] Florencio R, Encinar J A, Boix R R, et al. Reflectarray antennas for dual polarization and broadband telecom satellite applications[J]. IEEE Transactions on Antennas and Propagation,2015,63(4): 1234-1246.

[79] Encinar J A, Datashvili L S, Zornoza J A, et al. Dual-polarization dual-coverage reflectarray for space applications [J]. IEEE Transactions on Antennas and Propagation,2006,54(10): 2827-2837.

[80] M-A Joyal, R El Hani, Riel M, et al. A reflectarray-based dual-surface reflector working in circular polarization [J]. IEEE Transactions on Antennas and Propagation,2015,63(4): 1306-1313.

[81] Hosseini M, Hum S V. A dual-CP reflectarray unit cell for realizing independently controlled beams for space applications [C]. 11th European Conference on Antennas and Propagation (EUCAP),2017: 66-70.

[82] Mener S, Gillard R, Sauleau R, et al. Dual circularly polarized reflectarray with independent control of polarizations[J]. IEEE Transactions on Antennas and Propagation,2015,63(4): 1877-1881.

[83] Geaney C S, Hosseini M, Hum S. V. Reflectarray Antennas for Independent Dual Linear and Circular Polarization Control[J]. IEEE Transactions on Antennas and Propagation,2019,67(9): 5908-5918.

[84] Abdelrahman A H, Elsherbeni A Z, Yang F. Transmission phase limit of multilayer frequency-selective surfaces for transmitarray designs [J]. IEEE Transactions on Antennas and Propagation,2013,62(2): 690-697.

[85] Milne R. Dipole array lens antenna[J]. IEEE Transactions on Antennas and Propagation,1982,30(4): 704-712.

[86] Ryan C G, Chaharmir M R, Shaker J, et al. A wideband transmitarray using dual-resonant double square rings [J]. IEEE Transactions on Antennas and Propagation,2010,58(5): 1486-1493.

[87] Afzal M U, Esselle K P. Steering the beam of medium-to-high gain antennas using near-field phase transformation [J]. IEEE Transactions on Antennas and Propagation,2017,65(4): 1680-1690.

[88] Afzalm M U, Esselle K P. A low-profile printed planar phase correcting surface to improve directive radiation characteristics of electromagnetic band gap resonator antennas[J]. IEEE Transactions on Antennas and Propagation,2015,64(1): 276-280.

[89] Gagnon N, Petosa A. Using rotatable planar phase shifting surfaces to steer a high-gain beam[J]. IEEE Transactions on Antennas and Propagation,2013,61(6): 3086-3092.

[90] Euler M, Fusco V F. Frequency selective surface using nested split ring slot elements as a lens with mechanically reconfigurable beam steering capability[J].

IEEE Transactions on Antennas and Propagation,2010,58(10): 3417-3421.

[91] Chen Y,Chen L,Yu J -F,et al. A C-band flat lens antenna with double-ring slot elements[J]. IEEE Antennas and Wireless Propagation Letters, 2013, 12: 341-344.

[92] Chen L -W,Ge Y,Bird T S. Ultrathin flat microwave transmitarray antenna for dual-polarised operations[J]. Electronics Letters,2016,52(20): 1653-1654.

[93] An W,Xu S,Yang F, et al. A double-layer transmitarray antenna using malta crosses with vias[J]. IEEE Transactions on Antennas and Propagation,2015, 64(3): 1120-1125.

[94] Erdil E,Topalli K,Esmaeilzad N S,et al. Reconfigurable nested ring-split ring transmitarray unit cell employing the element rotation method by microfluidics [J]. IEEE Transactions on Antennas and Propagation,2015,63(3): 1163-1167.

[95] Liu K,Wang G,Cai T,et al. Ultra-thin circularly polarized lens antenna based on single-layered transparent metasurface[J]. Chinese Physics B,2018,27(8): 084101.

[96] Ebbesen T W, Lezec H J, Ghaemi H, et al. Wolff. Extraordinary optical transmission through sub-wavelength hole arrays[J]. Nature,1998,391(6668): 667-669.

[97] Yin L L, Vlasko-Vlasov V K, Pearson J, et al. Subwavelength focusing and guiding of surface plasmons[J]. Nano Letters,2005,5(7): 1399-1402.

[98] Liu Z,Steele J M,Srituravanich W,et al. Focusing surface plasmons with a plasmonic lens[J]. Nano Letters,2005,5(9): 1726-1729.

[99] Huang F M,Zheludev N,Chen Y,et al. Focusing of light by a nanohole array[J]. Applied Physics Letters,2007,90(9): 091119.

[100] Shi H,Wang C,Du C, et al. Beam manipulating by metallic nano-slits with variant widths[J]. Optics Express,2005,13(18): 6815-6820.

[101] Verslegers L,Catrysse P B,Yu Z F,et al. Planar lenses based on nanoscale slit arrays in a metallic film[J]. Nano Letters,2009,9(1): 235-238.

[102] Aieta F,Genevet P,Kates M A,et al. Aberration-free ultrathin flat lenses and axicons at telecom wavelengths based on plasmonic metasurfaces[J]. Nano Letters,2012,12(9): 4932-4936.

[103] Chen X Z,Huang L L,Mühlenbernd,et al. Dual-polarity plasmonic metalens for visible light[J]. Nature Communications,2012,3(1): 1-6.

[104] Zhang S Y,Kim M-H,Aieta F,et al. High efficiency near diffraction-limited mid-infrared flat lenses based on metasurface reflectarrays[J]. Optics Express, 2016,24(16): 18024-18034.

[105] Sun Z,Kim H K. Refractive transmission of light and beam shapingwith metallic nano-optic lenses[J]. Applied Physics Letters,2004,85(4): 642-644.

[106] Memarzadeh B,Mosallaei H. Array of planar plasmonic scatterers functioning as

light concentrator[J]. Optics Letters,2011,36(13): 2569-2571.

[107] Khorasaninejad M, Chen W T, Devlin R C, et al. Metalenses at visible wavelengths: Diffraction-limited focusing and subwavelength resolution imaging [J]. Science,2016,352(6290): 1190-1194.

[108] Fan Z B, Shao Z K, Xie M Y, et al. Silicon nitride metalenses for unpolarized high-NA visible imaging[C]. San Jose, CA, USA: Conference on Lasers and Electro-Optics(CLEO),2018: 1-2.

[109] Liang H L, Lin Q L, Xie X S, et al. Ultrahigh numerical aperture metalens at visible wavelengths[J]. Nano Letters,2018,18(7): 4460-4466.

[110] Javor R D, Wu X -D, Chang K. Design and performance of a microstrip reflectarray antenna[J]. IEEE Transactions on Antennas and Propagation,1995, 43(9): 932-939.

[111] Chen K -C, Tzuang C -K, Huang J. A higher-order microstrip reflectarray at Ka-band[C]. IEEE Antennas and Propagation Society International Symposium, 2001,3: 566-569.

[112] Gonzalez D G, Pollon G E, Walker J F. Microwave phasing structures for electromagnetically emulating reflective surfaces and focusing elements of selected geometry: US07/178063[P]. 1990-02-27.

[113] Pozar D, Metzler T. Analysis of a reflectarray antenna using microstrip patches of variable size[J]. Electronics Letters,1993,29(8): 657-658.

[114] Phelan H R. Spiraphase reflectarray for multitarget radar [J]. Microwave Journal,1977,20: 67.

[115] Huang J, Pogorzelski R J. A Ka-band microstrip reflectarray with elements having variable rotation angles [J]. IEEE Transactions on Antennas and Propagation,1998,46(5): 650-656.

[116] Han C, Chang K. Ka-band reflectarray using ring elements[J]. Electronics Letters,2003,39(6): 491-493.

[117] Cheng Q, Ma H F, Cui T J. Broadband planar Luneburg lens based on complementary metamaterials[J]. Applied Physics Letters,2009,95(18): 181901.

[118] Al-Joumayly M A, Behdad N. Wideband planar microwave lenses using sub-wavelength spatial phase shifters [J]. IEEE Transactions on Antennas and Propagation,2011,59(12): 4542-4552.

[119] Li M, Al-Joumayly M A, Behdad N. Broadband true-time-delay microwave lenses based on miniaturized element frequency selective surfaces [J]. IEEE Transactions on Antennas and Propagation,2012,61(3): 1166-1179.

[120] Pozar D. Flat lens antenna concept using aperture coupled microstrip patches [J]. Electronics Letters,1996,32(23): 2109-2111.

[121] Song H J, Bialkowski M E. Transmit array of transistor amplifiers illuminated

by a patch array in the reactive near-field region[J]. IEEE Transactions on Microwave Theory and Techniques,2001,49(3): 470-475.

[122] Padilla de la Torre P, Sierra-Castañer M. Design and prototype of a 12-GHz transmit-array[J]. Microwave and Optical Technology Letters, 2007, 49(12): 3020-3026.

[123] Kaouach H, Dussopt L, Sauleau R, et al. X-band transmit-arrays with linear and circular polarization[C]. Proceedings of the Fourth European Conference on Antennas and Propagation, 2010: 1-5.

[124] Cheng C C, Lakshminarayanan B, Abbaspour-Tamijani A. A programmable lens-array antenna with monolithically integrated MEMS switches [J]. IEEE Transactions on Microwave Theory and Techniques, 2009, 57(8): 1874-1884.

[125] Lau J Y, Hum S V. A low-cost reconfigurable transmitarray element[C]. IEEE Antennas and Propagation Society International Symposium, 2009: 1-4.

[126] Padilla P, Muñoz-Acevedo A, Sierra-Castañer M, et al. Electronically reconfigurable transmitarray at Ku band for microwave applications[J]. IEEE Transactions on Antennas and Propagation, 2010, 58(8): 2571-2579.

[127] Kaouach H, Dussopt L, Lanteri J, et al. Wideband low-loss linear and circular polarization transmit-arrays in V-band[J]. IEEE Transactions on Antennas and Propagation, 2011, 59(7): 2513-2523.

[128] Lau J Y, Hum S V. A wideband reconfigurable transmitarray element[J]. IEEE Transactions on Antennas and Propagation, 2011, 60(3): 1303-1311.

[129] Clemente A. Dussopt L, Sauleau R, et al. Wideband 400-element electronically reconfigurable transmitarray in X band[J]. IEEE Transactions on Antennas and Propagation, 2013, 61(10): 5017-5027.

[130] Kamada S, Michishita N, Yamada Y. Metamaterial lens antenna using dielectric resonators for wide angle beam scanning[C]. IEEE Antennas and Propagation Society International Symposium, 2010: 1-4.

[131] Zhang Y, Mittra R, Hong W. On the synthesis of a flat lens using a wideband low-reflection gradient-index metamaterial[J]. Journal of Electromagnetic Waves and Applications, 2011, 25(16): 2178-2187.

[132] Li M, Behdad N. Ultra-wideband, true-time-delay, metamaterial-based microwave lenses[C]. Proceedings of the 2012 IEEE International Symposium on Antennas and Propagation, 2012: 1-2.

[133] Rudge A W, Milne K. The handbook of antenna design[M]. New York: IEE, Peter Peregrinus, Stevenage, 1982.

[134] Amyotte E, Demers Y, Martins-Camelo L, et al. High performance communications and tracking multi-beam antennas [C]. First European Conference on Antennas and Propagation, 2006: 1-8.

[135] Amyotte E, Demers Y, Hildebrands L, et al. Recent developments in Ka-band satellite antennas for broadband communications[C]. Proceedings of the Fourth European Conference on Antennas and Propagation, 2010: 1-5.

[136] Zhou M, Sørensen S B. Multi-spot beam reflectarrays for satellite telecommunication applications in Ka-band[C]. 10th European Conference on Antennas and Propagation (EuCAP), 2016: 1-5.

[137] Hodges R E, Zawadzki M. Design of a large dual polarized Ku band reflectarray for space borne radar altimete[C]. IEEE Antennas and Propagation Society Symposium, 2004, 4: 4356-4359.

[138] Bialkowski M, Song H. Dual linearly polarized reflectarray using aperture coupled microstrip patches [C]. IEEE Antennas and Propagation Society International Symposium, 2001, 3: 486-489.

[139] Pozar D M, Targonski S D. A microstrip reflectarray using crossed dipoles[C]. Atlanta: IEEE Antennas and Propagation Society International Symposium, 1998, 2: 1008-1011.

[140] Toyoda T, Higashi D, Deguchi H, et al. Broadband reflectarray with convex strip elements for dual-polarization use[C]. International Symposium on Electromagnetic Theory, 2013: 683-686.

在学期间发表的学术论文

[1] **Xingliang Zhang**，Ruyuan Deng，Fan Yang，et al. Metasurface-Based Ultrathin Beam Splitter with Variable Split Angle and Power Distribution［J］. ACS Photonics，2018，5(8)：2997-3002.（SCI 收录，检索号：GR0EG，影响因子：7.14）

[2] **Xingliang Zhang**，Fan Yang，Shenheng Xu，et al. Single-Layer Reflectarray Antenna with Independent Dual-CP Beam Control［J］. IEEE Antennas and Wireless Propagation Letters，2020，19(4)：532-536.（SCI 收录，检索号：LJ2YZ，影响因子：3.80）

[3] **Xingliang Zhang**，Fan Yang，Shenheng Xu，et al. Dual-Layer Transmitarray Antenna with High Transmission Efficiency［J］. IEEE Transactions on Antennas and Propagation，2020.（SCI 收录，检索号：MX0IA，影响因子：4.43）

[4] **Xingliang Zhang**，Fan Yang，Shenheng Xu，et al. A reflectarray element design with both amplitude and phase control［C］. Verona：2017 International Conference on Electromagnetics in Advanced Applications（ICEAA），2017：1049-1051.（EI 收录，检索号：20174804472010）

[5] **Xingliang Zhang**，Fan Yang，Shenheng Xu，et al. A wideband reflectarray design using novel phasing rings［C］. Verona：2017 IEEE-APS Topical Conference on Antennas and Propagation in Wireless Communications（APWC），2017：178-180.（EI 收录，检索号：20182005209196）

[6] **Xingliang Zhang**，Fan Yang，Shenheng Xu，et al. Design of A Single-Layer Reflectarray Element for Dual-CP Dual-Beam Applications［C］. Singapore：2019 IEEE Asia-Pacific Microwave Conference（APMC），2019：1575-1577.（EI 收录，检索号：20201508410885）

致　谢

　　衷心感谢恩师杨帆教授对我在学业上的精心栽培和在生活上的亲切关怀！杨老师是我科研上的领路人，让我从对科研一无所知，到学会了如何正确地开展研究工作。在这个过程中，杨老师倾注了大量的心血。难以忘怀的是，杨老师经常为了对我进行指导而错过吃饭的时间，耽误回家的时间。非常感谢杨老师为我提供了宽松的科研环境，给我足够的支持，让我可以自由地探索前沿的科研问题而无任何顾虑。杨老师也是我人生的导师，他在生活上给了我很多无微不至的关怀，在精神上给予了我足够的支持，还在我未来的发展上给予了充分的指导，杨老师为我的成长耗费了大量的心血。非常幸运能够遇到杨老师，他在做人和做学问方面都给我树立了人生的标杆，是我一生学习的榜样。

　　其次，感谢课题组的许慎恒老师和李懋坤老师对我科研工作的指导和帮助。每次组会，两位老师都会给我的科研进展提出建议和指导，让我获益匪浅。感谢中国科学院苏州纳米所的蒋春萍老师，他在合作研究期间给予我大量的指导和帮助，让我的科研工作不断向前推进。感谢清华大学精密仪器系的曹良才老师和北京理工大学的蒋强老师，他们在我做光学实验的过程中给予了大量的指导和帮助。同样感谢清华大学的其他老师和各位同学的帮助，他们共同创造了良好的学术氛围，值得我不断向他们学习，同时也推动我的科研工作不断进步。

　　最后深深地感谢无私爱我、支持我的家人！他们多年来的关心、包容和鼓励，为我提供了不竭的前进动力。